Inhaltsverzeichnis

I Algebra: Natürliche Zahlen

II Geometrie: Grunderfahrungen

Einleitung

„Nirgendwo hat der Mensch mehr Scharfsinn an den Tag gelegt als in seinen Spielen.“

Leibniz

Wir spielen in der Freizeit, nach Feierabend, in den Ferien und im Urlaub. Spielen macht Freude, entspannt, bringt Erfolgserlebnisse, stärkt den Zusammenhalt einer Gemeinschaft. Spielen ist - generell gesagt - eine Beschäftigung, die wir um ihrer selbst willen ausführen; wenn wir spielen, verfolgen wir damit in aller Regel keinen „ernsthaften“, rationalen Zweck, wir wollen durch das Spiel nichts Weiteres erreichen. Was also haben Spiele in der Schule, im Unterricht verloren, wo vorgegebene Lerninhalte vermittelt werden müssen?

Nun: Zweckfreies Spielen im beschriebenen Sinne schließt nicht aus, daß ungewollt oder jedenfalls unbewußt über das Spiel auch Erfahrungen, Fähigkeiten und Wissen vermittelt werden. Das gilt gleichermaßen für alle Altersstufen. Ganz deutlich zeigt sich das bei Kindern. Daß sie spielen, gilt als notwendig und wünschenswert, weil das Spiel oder allgemein die spielerische Betätigung mit Neuem als wichtiger Bestandteil der Entwicklung anerkannt ist.

Erst später und allmählich schiebt sich konkurrierend die zweckgerichtete Unterweisung dazwischen, und mit der Einschulung beginnt der „Ernst des Lebens“ endgültig. Lernen durch Spielen tritt mehr und mehr in den Hintergrund. Mit fortschreitender Entwicklung der Heranwachsenden werden Spielen und Lernen letztlich gar als zwei unterschiedliche, nicht in Einklang zu bringende Beschäftigungen empfunden: Auf der einen Seite das Lernen als von außen geforderte, zweckorientierte Notwendigkeit, um sich - zunächst vor allem in der Schule - Wissen und Befähigung anzueignen, die wir in Beruf und Alltag benötigen. Auf der anderen Seite das Spiel als eine dem eigenen Antrieb entsprechende, weitgehend zweck- und zielfreie (Freizeit-)Beschäftigung, die hin und wieder sogar den Beigeschmack der Zeitverschwendung trägt („Das ist ja Spielerei!“, „Der ist ja verspielt“). Spielen und Lernen scheinen zwei unvereinbare, sich ausschließende Tätigkeiten zu sein - eine Vorstellung, die auch an den Schulen nicht ganz spurlos vorübergegangen ist. Verleitet nicht auch die unleugbare und unvermeidliche Schwerpunktverlagerung vom spielerischen Lernen des Kindes zu seiner eher fachlich-formalen, eben „ernsthaften“ Unterweisung förmlich dazu, die bloße Tendenz zum Prinzip zu erheben und Spielen aus dem wissenschaftlichen Unterricht zu verbannen?

Andererseits: Ertappen wir uns - die Erwachsenen - nicht selbst manchmal dabei, daß wir - meist unbewußt - gerne bereit sind, für ein Spiel und durch ein Spiel zu lernen? Gesellschaftsspiele mit Fragen aus den verschiedensten Gebieten der Allgemeinbildung, Quiz-Spiele im Fernsehen oder selbst anspruchsvollere Kreuzworträtsel seien hier als Beispiele genannt. Unterziehen wir uns diesem Lernprozeß nicht sogar freiwillig?

Lernen über das Spiel wird also - und nicht nur von Erwachsenen - stets da gerne akzeptiert, wo es nicht als primär zweckgerichtete, sondern als vorwiegend lustbetonte Betätigung empfunden wird. Eben deshalb sind hierbei auch kaum Lernschwierigkeiten wie Konzentrationsprobleme zu beobachten. Wenn es gelingt, in gleicher Weise Spielen und Lernen auch im schulischen Unterricht zu verknüpfen, darf dort ein Motivationsschub erwartet werden.

Das Spiel stellt eine methodische Abwechslung dar, die den Schülern - dosiert angeboten - scheinbar eine Pause bietet und dabei doch auch schulische Fortschritte verheißt. Dabei ist nicht nur an neuem Wissen gedacht, das durch Spiele im Unterricht vermittelt werden soll, sondern darüber hinaus auch an Stoffwiederholungen. Hier bieten Spiele den zusätzlichen Vorteil, daß sie wegen ihrer allgemeinen Akzeptanz die Gefahr der Langeweile auch bei guten Schülern mindern.

Ferner können durch Mannschaftsspiele das Gruppendenken und die Teamfähigkeit gefördert werden. Die Schüler lernen, den eigenen Erfolg hinter den der Gruppe zu stellen. Das Spiel - und nicht der Lehrer - steht dabei im Mittelpunkt des Geschehens.

Durch eine wohldosierte Zufallskomponente, die sich beispielsweise in Form von Würfeln, Jokern oder Risikofaktoren in das Spiel integrieren läßt, kann gerade schwächeren Schülern die Hoffnung und damit die Möglichkeit gegeben werden, einen Weg zurück ins Spiel und zum Erfolg zu finden, der einmal nicht von ihrer persönlichen Leistung abhängt. Resignation kann so abgebaut werden.

Aus alle diesen Gründen darf und muß das Spiel mithin klar als ergänzendes Lehrmittel gelten und sollte auch als solches in den Unterricht eingeführt werden. Lernen unterstützt mit spielerischen Elementen stellt gegenüber einem streng-traditionellen Unterricht ohne Zweifel eine Bereicherung für Schüler und Lehrer dar. Schüler lernen so, daß Lernen - auch im Unterricht - Spaß machen kann.

\- - -

Die nachfolgenden Spiele und Spielvorschläge sind als Hilfe oder Anregung für den Mathematikunterricht in der 5. Klasse gedacht. Das Buch ist in einzelne Kapitel unterteilt. Jedes Kapitel ist zusätzlich in kleinere, übersichtliche Themenbereiche der jeweiligen Lerneinheit eingeteilt.

Die Spiele werden einzeln vorgestellt und erläutert. Dazugehörige Kopiervorlagen befinden sich immer auf der folgenden Seite, so daß ein unnötiges Suchen vermieden wird. Einige Spiele enthalten zusätzlich Kopiervorlagen, mit denen die Schüler Spiele selbst herstellen oder abändern können.

Jede Beschreibung beginnt mit einer Kopfleiste, die einen schnellen Überblick für den Lehrer verschafft. Was die Kopfleiste im einzelnen aussagt, ergibt sich aus dem nachfolgenden Schema:

Kriterium	**Einteilung**	**Symbol**
Spieldauer	in Minuten z.B.: **20 - 30 Min**	
Einzel- oder Gruppenarbeit	Einzelarbeit	••••
	Kleingruppenarbeit	❖
	Anzahl der Gruppenmitglieder	z.B. : **4**
	Gruppenarbeit / ganze Klasse	■
Lautstärke	leise, ruhig	💣
	lebhaft	💣 💣
	laut	💣 💣 💣
Lerneffizienz	befriedigende Lerneffizienz	💡
	gute Lerneffizienz	💡 💡
	sehr gute Lerneffizienz	💡 💡 💡
Beliebtheit	beliebt	☺
	sehr beliebt	☺ ☺
	äußerst beliebt	☺ ☺ ☺

Es liegt in der Natur einer solchen Zusammenstellung, daß nicht alle diese Angaben verbindlich sein können.

Spiele, die in der Überschrift mit einem (FA) gekennzeichnet sind, bieten sich auch für die Freiarbeit an. Hier war maßgebend, daß es sich um ruhige Spiele handelt, die einzeln oder in der Kleingruppe bearbeitet werden. Ferner enthalten diese Spiele weitgehend eine Selbstkontrolle.

In Kapitel 4 werden Spielideen vorgestellt, die man zum Abschluß einer Lerneinheit zur Ergebnissicherung einsetzen kann und die sich auf fast alle Themengebiete der Mathematik übertragen lassen.

Hinweise zur Herstellung von Arbeitsmaterial findet man schließlich in Kapitel 5. Hier werden unterschiedliche Techniken vorgestellt und in Hinblick auf Zeit- und Kostenaufwand, Haltbarkeit und äußere Form der Materialien sowie Umweltverträglichkeit verglichen.

I Algebra: Natürliche Zahlen

1 Anordnung natürlicher Zahlen

1.1 Anordnen im Kreis

Spieldauer	Einzel/Gruppe	Lautstärke	Lerneffizienz	Beliebtheit
20 - 30 Min	■	💣💣💣	💡💡💡	☺☺☺

Spielbeschreibung

Die Schüler sollen versuchen, innerhalb von 2 Minuten einen Kreis oder Halbkreis aus Stühlen im Klassenraum zu bilden und sich dann in der Reihenfolge nach den Geburtsdaten hinzusetzen (💣💣💣). Haben zwei Schüler am gleichen Tag Geburtstag, müssen sie lediglich nebeneinander sitzen. (Alternativ könnte aber auch gemeinsam nach einer feineren Einteilung gesucht werden: z.B. - falls bekannt - nach der Geburtsstunde der Schüler.)

Anschließend sollen die Schüler sich in der Reihenfolge nach folgenden Kriterien setzen:

1. Anfangsbuchstabe des Vornamens
2. Anfangsbuchstabe des Nachnamens
3. Letzter Buchstabe des Vornamens
4. Alter
5. Größe
6. Gewicht
7. Hausnummern

Tip für das Spiel:

1. Um zu verdeutlichen, daß es Eigenschaften gibt, nach denen man sich nicht eindeutig ordnen kann, können die Schüler auch aufgefordert werden, sich nach

   a) Augen- oder Haarfarbe

   b) Kleidung

   c) Wissen

   zu ordnen.
2. Mit den Schülern kann man versuchen, weitere Kriterien zu finden, nach welchen man ordnen kann.
3. Die Lautstärke (und damit leider auch ein bißchen der Spaß des Spiels) läßt sich mindern, wenn der Stuhlkreis vor dem eigentlichen Spiel von den Schülern bereits aufgestellt wird oder wenn sich die Schüler einfach im Kreis oder in einer Reihe aufstellen.

Material

Nicht erforderlich.

1.2 Bestimmung von Anzahlen

Spieldauer	Einzel/Gruppe	Lautstärke	Lernefficienz	Beliebtheit
10 - 15 Min	■	💣💣	💡💡💡	☺☺☺

Spielbeschreibung

Die Klasse wird in mindestens zwei Mannschaften (A und B) eingeteilt.

Auf einer Folie sind verschiedene Figurengruppen auf Feldern abgebildet (s.S. 9). Zu Beginn des Spieles sind noch alle Felder durch selbstklebende Papierstücke verdeckt.

Der Lehrer eröffnet das Spiel, indem er ein Feld auf der Folie aufdeckt. Die Schüler müssen nun versuchen, die Anzahl der Objekte auf diesem Feld zu bestimmen.

Sobald ein Schüler der Ansicht ist, die Anzahl richtig erkannt zu haben, meldet er sich, worauf unmittelbar die Folie abgedeckt wird. (Damit wird verhindert, daß der Schüler seine Lösung überprüft).

Der Schüler (beispielsweise aus Mannschaft A) muß nun sein Ergebnis nennen. Stimmt das Ergebnis, so erhält die Mannschaft (A) des Schüler einen Punkt. Ist seine Lösung hingegen falsch, erhält Mannschaft B den Punkt. (Dadurch vermeidet man „blindes Raten".)

Tips für das Spiel

1. Nach dem Spiel kann überlegt werden, welche Technik die Schüler zur Bestimmung der jeweiligen Anzahlen verwendet haben. Die Schüler sollen hierbei erkennen, daß sich kleinere Anzahlen leicht durch einfaches Abzählen ermitteln lassen (bis etwa zu 5 sogar durch einen bloßen Blick), während man für die Bestimmung größerer Anzahlen ein System benötigt, bei dem die Menge der Elemente, deren Anzahl man bestimmen soll, in kleinere Gruppen unterteilt wird.
2. Damit das Abdecken der einzelnen Felder einfach zu handhaben ist, kann man die Folie mit selbstklebenden Zetteln versehen, die im Handel erhältlich sind.

Material

Eine Kopiervorlage für Folie.

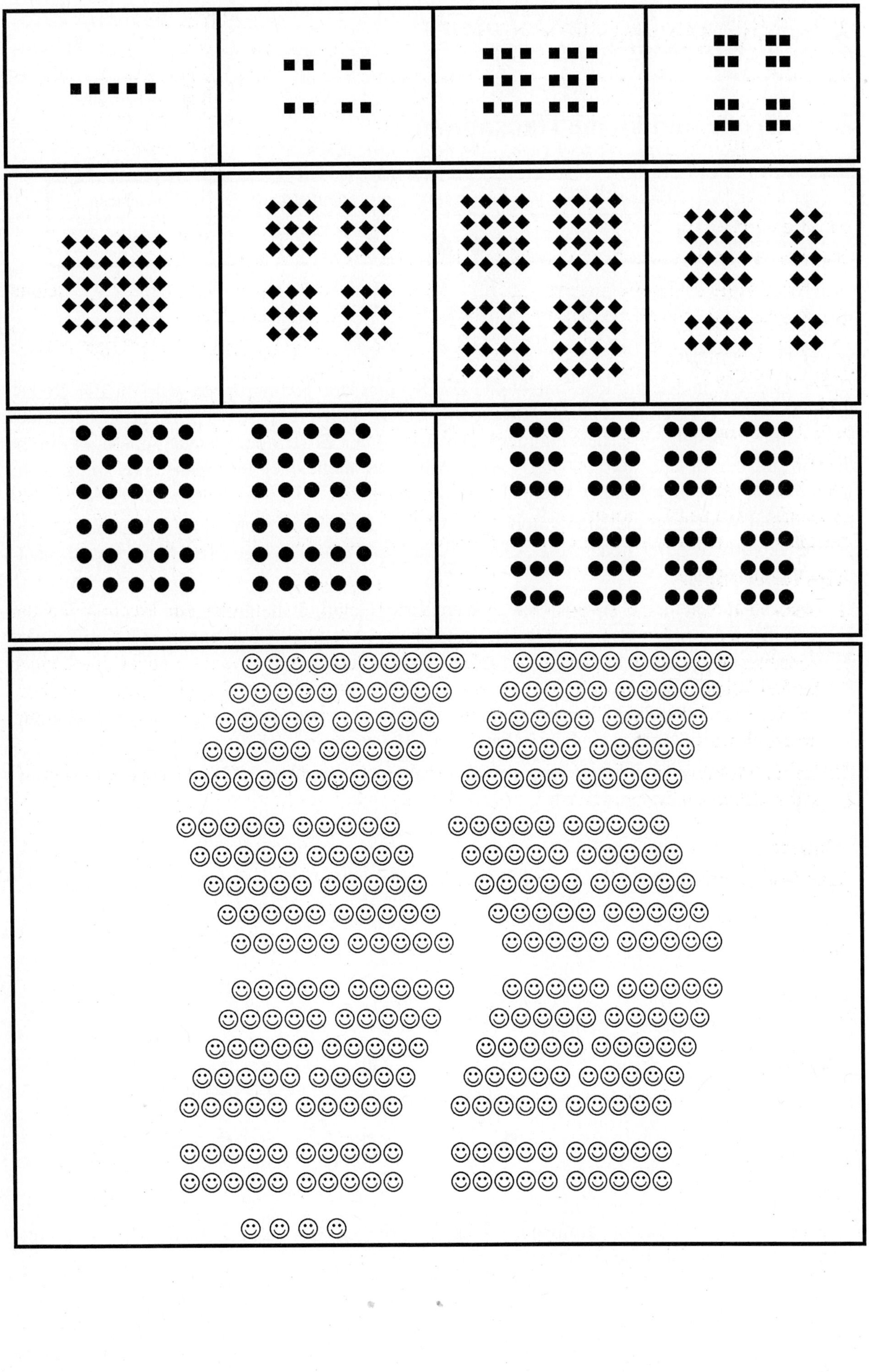

2 Zehnersystem

2.1 Große und kleine Hausnummer

Spieldauer	Einzel/Gruppe	Lautstärke	Lerneffizienz	Beliebtheit
10 - 20 Min	❖	💣💣	💡💡	☺☺

Spielbeschreibung

Große Hausnummer:

Die Klasse wir in Kleingruppe eingeteilt. Die Schüler der Kleingruppen würfeln der Reihe nach, so daß jeder Schüler einmal würfelt. Mit jedem Wurf erhält so die Gruppe jeweils eine Ziffer ihrer mehrstelligen „Hausnummer". Die Anzahl der Ziffern der Hausnummern ist durch die Anzahl der Spieler automatisch vorgegeben. (Bei ungleicher Gruppenstärke sollte man vereinbaren, daß einige Schüler zweimal würfeln dürfen.)

Nach jedem Wurf muß die Kleingruppe entscheiden, an welcher Stelle ihrer Hausnummer die gerade gewürfelte Ziffer stehen soll. Allerdings darf eine einmal festgesetzte Stelle später nicht mehr variiert werden.

Gewonnen hat diejenige Gruppe, deren „Hausnummer" letztlich die größte ist.

Spielvarianten

1. Kleine Hausnummer:
   Die Spielregeln für die kleine Hausnummer sind die gleichen wie für die große, nur daß am Schluß diejenige Gruppe gewonnen hat, deren „Hausnummer" am kleinsten ist.
2. Die Hausnummer ergibt sich aus zwei (drei) Summanden, die in gleicher Weise wie bei der obigen Spielvariante erspielt wird.

   Beispiel für Variante 2:

   Es wurden die Zahlen **3**, ***4***, ***4***, ***5***, ***2*** und ***1*** gewürfelt. Dann kann eine Verteilung folgendermaßen aussehen:

(Felder für Zahlen →)		3	2	4
(Felder für Zahlen →)	+	5	4	1
(Felder für die Summe →)		8	6	5

   Als Endergebnis hätte die Gruppe die Zahl *865* erhalten. Bei geschickter (glücklicher) Aufteilung hätte sie auch die Summe *973* erzielen können.

Bei dieser Spielvariante läßt sich der Spielreiz dadurch steigern, daß man eine Zahl vorgibt (z.B. 800 oder 1000), die nicht überschritten werden darf. Ziel ist es somit, eine möglichst hohe Zahl zu erreichen, die dennoch unter der vorgegebenen liegt. Sobald die Summe höher als die vorgegebene Zahl ist, hat die betreffende Gruppe keine Gewinnmöglichkeit mehr.

Material
Würfel.

3 Zweiersystem

3.1 Eins-oder-null

Spieldauer	Einzel/Gruppe	Lautstärke	Lerneffizienz	Beliebtheit
15 - 25 Min	❖	💣💣💣	💡💡💡	☺☺☺

Spielbeschreibung
Die Klasse wird in zwei Mannschaften eingeteilt, die beide vier Kartensätze, bestehend aus je einer „Einskarte“ und einer „Nullkarte“, erhalten.

Die beiden Mannschaften müssen sich auf eine feste Reihenfolge ihrer Spieler einigen. Die ersten vier Spieler jeder Mannschaft erhalten jeweils einen Kartensatz und nehmen auf den vier zu ihrer Mannschaft gehörenden Stühlen Platz. Alle acht Stühle stehen in einer Reihe vor der Tafel, so daß die Klasse die Schüler von vorn sieht.

Der Lehrer gibt nun Zahlen vor, die die Schüler mit ihren Karten im Zweiersystem darstellen sollen. Dabei soll die Zahl des jeweils ersten Schülers von rechts (aus Sicht der Klasse) die Einerziffer, die des zweiten Schülers die Zweierziffer und entsprechend die beiden Zahlen der restlichen Schüler die Vierer- bzw. Achterziffern der vorgegebenen Zahl im Zweiersystem darstellen:

<u>Beispiel</u>

Darstellung der Zahl 13:

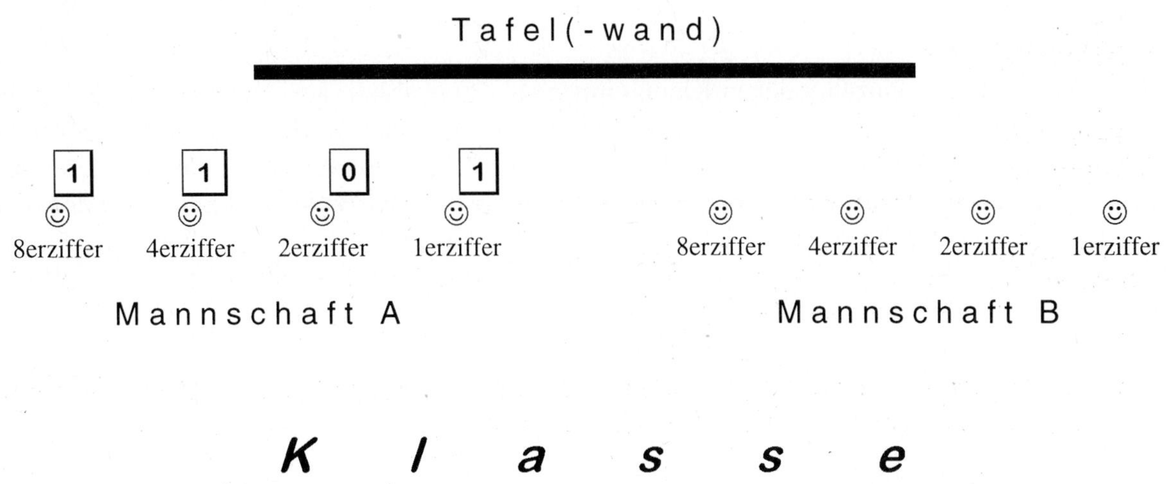

Sobald ein Schüler zu wissen glaubt, welche der beiden Karten er ziehen muß, hebt er diese - für alle anderen Schüler verdeckt - hoch. Eine Änderung ist danach nicht mehr möglich. Haben sich alle vier Schüler einer Mannschaft entschieden, werden ihre Karten gleichzeitig umgedreht. Wenn es den vier gelungen ist, die vorgegebene Zahl richtig im Zweiersystem darzustellen, erhält ihre Mannschaft einen Punkt; ansonsten die gegnerische Mannschaft. Die Schüler müssen demnach darauf achten, keine voreiligen Entscheidungen zu treffen, da mit einem Fehler automatisch ein Punktgewinn der gegnerischen Mannschaft verbunden ist.

Nach zwei oder mehr Spielrunden (hier kann man variieren) rutschen alle Schüler aus Sicht der Klasse einen Platz nach links, so daß der Schüler, der der Achterziffer entsprach, seinen Platz in der Reihe verliert, während der Platz der Einerziffer neu besetzt wird. Danach gibt es zwei (oder mehr) neue Spielrunden. Gewonnen hat schließlich die Mannschaft, die die meisten Punkte sammeln konnte.

Spielvariante

1. Um das Element „Glück“ stärker in das Spiel zu integrieren, kann man vereinbaren, daß die Mannschaften die Punkte entsprechend der vorgegebenen Zahl erhalten: Sollen die Schüler die Zahl *13* darstellen, können sie mit dieser Regel somit 13 Punkte erzielen. Hohe Zahlen gewinnen so an Bedeutung, was ja auch durchaus mit dem erhöhten Rechenaufwand zu rechtfertigen ist.
2. Der Schwierigkeitsgrad des Spiels läßt sich dadurch steigern, daß fünf oder mehr Schüler Zahlen darstellen sollen.
3. Durch zusätzliche Zahlenkärtchen läßt sich die Spielidee auch auf weitere Stellenwertsysteme übertragen.

Material

Acht (ggf. zehn und mehr) Eins-Karten, acht (ggf. zehn und mehr) Null-Karten.

3.2 Ohne zwei - spiel drei

Spieldauer	Einzel/Gruppe	Lautstärke	Lerneffizienz	Beliebtheit
10 - 15 Min	••• / ❖	💣💣	💡💡	☺☺

Spielbeschreibung

Die Schüler erhalten einzeln oder in Kleingruppen ein Arbeitsblatt, auf dem eine große Anzahl von Einsen und Nullen zu erkennen ist (Kopiervorlage übernächste Seite). Anschließend gibt der Lehrer eine Zahl im Zehnersystem vor. Die Schüler (Kleingruppen) haben nun die Aufgabe, die vorgegebene Zahl im Zweiersystem auf dem Arbeitsblatt waagerecht, senkrecht oder diagonal zu finden und sie z.B. durch Ankreuzen zu kennzeichnen.

Zwei mögliche Beispiele für die Zahl *11*:

1	0	1	1	0
1	1	0	0	1
1	0	0	0	1
0	1	1	0	1
0	0	1	1	0

1	0	1	1	0
1	1	0	0	1
1	0	0	0	1
0	1	1	0	1
0	0	1	1	0

Sind die Schülern dabei erfolgreich, was bei der ersten Zahl sehr wahrscheinlich ist, erhalten sie einen Punkt.

Anschließend wird vom Lehrer die nächste Zahl vorgegeben, die die Schüler wiederum im Zweiersystem auf ihren Arbeitsblättern finden und kennzeichnen müssen. Hierbei gilt allerdings: Ein einmal auf dem Arbeitsblatt gekennzeichnetes Ziffernfeld darf kein zweites Mal verwendet werden. Es wird somit im Verlauf des Spiels zunehmend schwieriger, die Zahlen im Zweiersystem zu finden.

Gewonnen hat der Schüler, der die meisten Punkte sammeln konnte; ggf. die erfolgreichste Kleingruppe.

Spielvariante

Der Lehrer zeigt das Arbeitsblatt als Folie auf dem Tageslichtprojektor. Die Schüler haben wiederum die Aufgabe, die vorgegebene Zahl im Zweiersystem auf der Folie zu finden.

Sobald ein Schüler die Zahl auf der Folie entdeckt hat, meldet er sich. Er muß die betreffenden Felder daraufhin unmittelbar benennen. Ist die Zahl richtig gefunden, erhält der Schüler einen Punkt; andernfalls wird ihm ein Punkt von seinem Punktekonto abgezogen, wobei er allerdings nie ein negatives Punktekonto erreichen darf (vergleiche hierzu Tip 1).

Gewonnen hat der Schüler, der die meisten Punkte sammeln konnte.

Tips für das Spiel

1. Damit sich die Schüler zu Beginn des Spiels nicht risikofrei fühlen und blind raten, sollte man vereinbaren, daß die Schüler mit einem Punktestand von 10 Punkten starten.
2. Um zu verhindern, daß die Schüler die Lösung zu schnell finden, sollten die vorgegebenen Zahlen nicht zu niedrig sein.

Ohne zwei - spiel drei

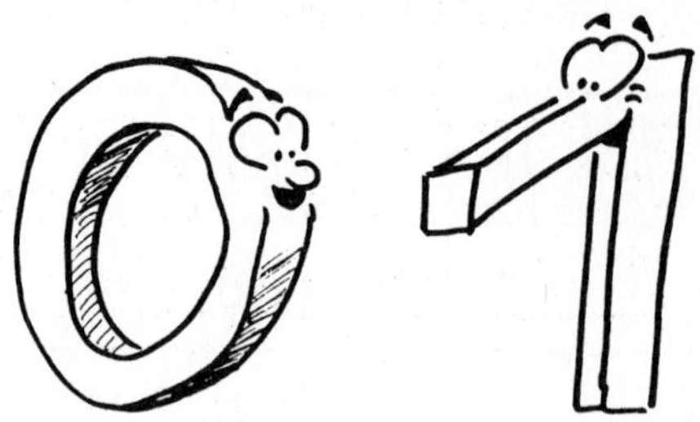

1	0	1	1	0	0	1	1
1	1	0	0	1	0	1	1
1	0	0	0	1	0	1	0
0	1	1	0	1	1	0	0
0	0	1	1	0	1	0	0
1	0	1	1	0	0	1	1
1	0	0	0	1	0	1	1
1	0	0	0	1	0	1	1
0	1	1	0	1	0	0	0
1	0	1	1	1	1	1	0

3.3 Zauberkarten

Spieldauer	Einzel/Gruppe	Lautstärke	Lerneffizienz	Beliebtheit
10 - 20 Min	❖ / ■	💣	💡💡	☺

Spielbeschreibung

Der Lehrer händigt den Schülern sechs Zauberkarten (s.S. 16 und 17) aus und bittet sie, eine Zahl zwischen 1 und 63 auszuwählen. Anschließend fragt er sie, auf welchen der Zauberkarten die gewählte Zahl vermerkt ist. Die Zahlen sind auf den Karten so verteilt, daß auf der nullten Karte die Zahlen zu finden sind, die im Zweiersystem eine 1 als erste Ziffer (Einerposition) haben, auf der ersten Karte diejenigen, die im Zweiersystem eine 1 als zweite Ziffer haben usw. So kann der Lehrer die gesuchte Zahl bestimmen. Sagt ein Schüler z.B., daß sie auf der 0., 4. und 5. Karte steht, so erhält man

$$2^0 + 2^4 + 2^5 = 1 + 16 + 32 = 49$$

als Ergebnis.

Anschließend erhalten die Schüler selbst Kartensätze, mit denen sie in Partnerarbeit versuchen sollen, Zahlen zu bestimmen.

Zusatzfragen:

1. Wie sieht die nächste - die „sechste“ - Karte aus?
2. Kann man derartige Zauber-Karten auch für andere Stellensysteme herstellen?

Material

Zauberkarten (Vorlagen für Vorder- und Rückseite liegen bei).

1	3	5	7	2	3	6	7
9	11	13	15	10	11	14	15
17	19	21	23	18	19	22	23
25	27	29	31	26	27	30	31
33	35	37	39	34	35	38	39
41	43	45	47	42	43	46	47
49	51	53	55	50	51	54	55
57	59	61	63	58	59	62	63

4	5	6	7	8	9	10	11
12	13	14	15	12	13	14	15
20	21	22	23	24	25	26	27
28	29	30	31	28	29	30	31
36	37	38	39	40	41	42	43
44	45	46	47	44	45	46	47
52	53	54	55	56	57	58	59
60	61	62	63	60	61	62	63

16	17	18	19	32	33	34	35
20	21	22	23	36	37	38	39
24	25	26	27	40	41	42	43
28	29	30	31	44	45	46	47
48	49	50	51	48	49	50	51
52	53	54	55	52	53	54	55
56	57	58	59	56	57	58	59
60	61	62	63	60	61	62	63

Karte 1

Karte 0

Karte 3

Karte 2

Karte 5

Karte 4

3.4 Zweier-Domino (FA)

Spieldauer	Einzel/Gruppe	Lautstärke	Lerneffizienz	Beliebtheit
20 - 25 Min	❖	💣	💡	☺☺

Spielbeschreibung

Die Klasse wird in Kleingruppen zu je 4-6 Schüler aufgeteilt. Jede Gruppe erhält ein Domino-Spiel. Auf den Spielkarten stehen die Zahlen sowohl im Zehner- als auch im Zweiersystem, so daß zu jeder Zahl im Zehnersystem eine Zahl auf einem anderen Kärtchen mit einem Zweiersystem paßt. Das Spiel wird nach den üblichen Domino-Spielregeln gespielt.

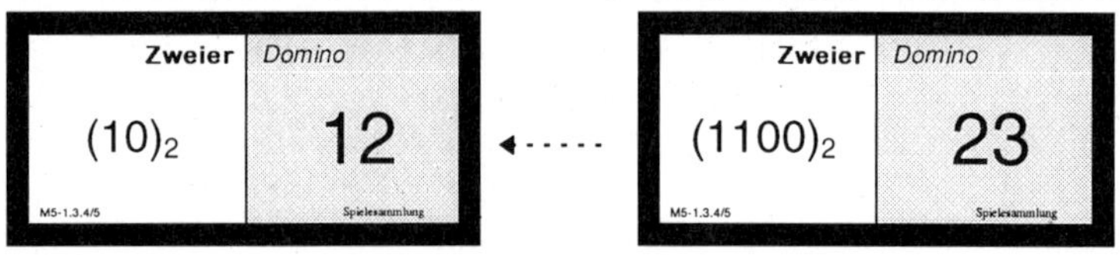

Spielvariante (Puzzle-Domino)

Die kopierte Vorlage wird in verschiedene größere Teile zerschnitten, die die Schüler wie ein Puzzle zusammenlegen sollen.

Beispiel für die Variante:

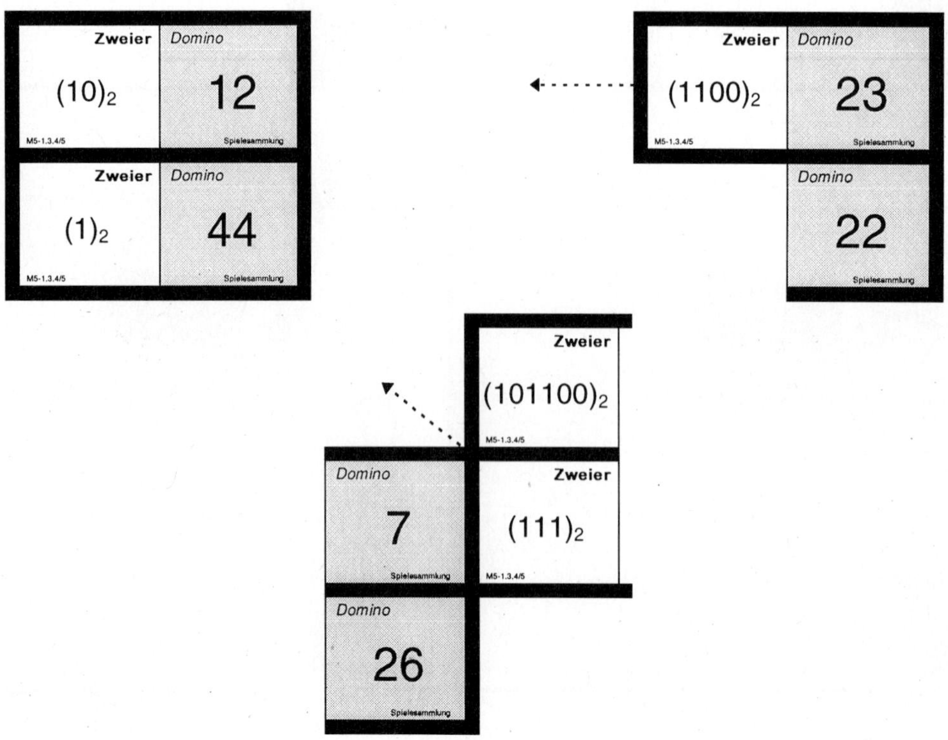

Material

Zahlen-Karten (siehe Kopiervorlage auf S. 20 und 21); entlang den fetten Linien ausschneiden, so daß auf jedem Kärtchen je eine Zahl im Zehner- (schraffiert) und im Zweiersystem (weiß) steht. Für die Variante: in größere Stücke, ähnlich dem 2. Beispiel, ausschneiden.

3.5 Zweier-Memory (FA)

Spieldauer	Einzel/Gruppe	Lautstärke	Lerneffizienz	Beliebtheit
15 - 20 Min	❖	💣	💡	☺

Spielbeschreibung

Die Klasse wird in Kleingruppen zu je 4-6 Schüler aufgeteilt. Jede Gruppe erhält ein Memory-Spiel. Auf den Spielkarten stehen Zahlen teils im Zehner-, teils im Zweiersystem, so daß zu jeder Zahl im Zehnersystem auf einem anderen Kärtchen eine Zahl im Zweiersystem paßt. Das Spiel wird nach den üblichen Memory-Spielregeln gespielt.

Tip für das Spiel:

Wenn man die Klasse in vier bis sechs Gruppen aufteilt, kann sich jede Gruppe mit einem anderen Spiel beschäftigen. Dazu eignen sich insbesondere das Zweier-Domino, das Zweier-Memory, das Römische Domino und das Römische Memory (vgl. Abschnitt 1.5.2), aber auch andere vergleichbare Spiele wie beispielsweise ein Kopfrechnen-Domino oder ein Kopfrechnen-Memory. Nach einer festgesetzten Zeit wechseln die Gruppen (im Uhrzeigersinn) zum nächsten Spiel, so daß die Gruppen am Schluß mit jedem der eingesetzten Spiele einmal beschäftigt waren.

Material

Zahlen-Karten (siehe Kopiervorlage auf S. 20 und 21); die einzusetzenden Elemente entlang den fetten und den dünnen Linien ausschneiden, so daß auf jedem Kärtchen nur eine Zahl steht.

Zweier $(10)_2$ M5-1.3.4/5	*Domino* 12 Spielesammlung	**Zweier** $(1100)_2$ M5-1.3.4/5	*Domino* 23 Spielesammlung	**Zweier** $(10111)_2$ M5-1.3.4/5	*Domino* 1 Spielesammlung
Zweier $(1)_2$ M5-1.3.4/5	*Domino* 44 Spielesammlung	**Zweier** $(101100)_2$ M5-1.3.4/5	*Domino* 22 Spielesammlung	**Zweier** $(10110)_2$ M5-1.3.4/5	*Domino* 18 Spielesammlung
Zweier $(10010)_2$ M5-1.3.4/5	*Domino* 7 Spielesammlung	**Zweier** $(111)_2$ M5-1.3.4/5	*Domino* 50 Spielesammlung	**Zweier** $(110010)_2$ M5-1.3.4/5	*Domino* 3 Spielesammlung
Zweier $(11)_2$ M5-1.3.4/5	*Domino* 26 Spielesammlung	**Zweier** $(11010)_2$ M5-1.3.4/5	*Domino* 5 Spielesammlung	**Zweier** $(101)_2$ M5-1.3.4/5	*Domino* 8 Spielesammlung
Zweier $(1000)_2$ M5-1.3.4/5	*Domino* 14 Spielesammlung	**Zweier** $(1110)_2$ M5-1.3.4/5	*Domino* 9 Spielesammlung	**Zweier** $(1001)_2$ M5-1.3.4/5	*Domino* 16 Spielesammlung
Zweier $(10000)_2$ M5-1.3.4/5	*Domino* 25 Spielesammlung	**Zweier** $(11001)_2$ M5-1.3.4/5	*Domino* 33 Spielesammlung	**Zweier** $(100001)_2$ M5-1.3.4/5	*Domino* 47 Spielesammlung
Zweier $(101111)_2$ M5-1.3.4/5	*Domino* 30 Spielesammlung	**Zweier** $(11110)_2$ M5-1.3.4/5	*Domino* 35 Spielesammlung	**Zweier** $(100011)_2$ M5-1.3.4/5	*Domino* 5 Spielesammlung
Zweier $(101)_2$ M5-1.3.4/5	*Domino* 42 Spielesammlung	**Zweier** $(101010)_2$ M5-1.3.4/5	*Domino* 6 Spielesammlung	**Zweier** $(110)_2$ M5-1.3.4/5	*Domino* 26 Spielesammlung
Zweier $(11010)_2$ M5-1.3.4/5	*Domino* 17 Spielesammlung	**Zweier** $(10001)_2$ M5-1.3.4/5	*Domino* 60 Spielesammlung	**Zweier** $(111100)_2$ M5-1.3.4/5	*Domino* 3 Spielesammlung

Zweier	*Domino*	Zweier	*Domino*	Zweier	*Domino*
$(11)_2$ M5-1.3.4/5	11 Spielesammlung	$(1011)_2$ M5-1.3.4/5	19 Spielesammlung	$(10011)_2$ M5-1.3.4/5	4 Spielesammlung
Zweier	*Domino*	Zweier	*Domino*	Zweier	*Domino*
$(100)_2$ M5-1.3.4/5	29 Spielesammlung	$(11101)_2$ M5-1.3.4/5	0 Spielesammlung	$(0)_2$ M5-1.3.4/5	52 Spielesammlung
Zweier	*Domino*	Zweier	*Domino*	Zweier	*Domino*
$(110100)_2$ M5-1.3.4/5	37 Spielesammlung	$(100101)_2$ M5-1.3.4/5	32 Spielesammlung	$(100000)_2$ M5-1.3.4/5	34 Spielesammlung
Zweier	*Domino*	Zweier	*Domino*	Zweier	*Domino*
$(100010)_2$ M5-1.3.4/5	63 Spielesammlung	$(111111)_2$ M5-1.3.4/5	13 Spielesammlung	$(1101)_2$ M5-1.3.4/5	39 Spielesammlung
Zweier	*Domino*	Zweier	*Domino*	Zweier	*Domino*
$(100111)_2$ M5-1.3.4/5	41 Spielesammlung	$(101001)_2$ M5-1.3.4/5	10 Spielesammlung	$(1010)_2$ M5-1.3.4/5	55 Spielesammlung
Zweier	*Domino*	Zweier	*Domino*	Zweier	*Domino*
$(110111)_2$ M5-1.3.4/5	16 Spielesammlung	$(10000)_2$ M5-1.3.4/5	15 Spielesammlung	$(1111)_2$ M5-1.3.4/5	49 Spielesammlung
Zweier	*Domino*	Zweier	*Domino*	Zweier	*Domino*
$(110001)_2$ M5-1.3.4/5	57 Spielesammlung	$(111001)_2$ M5-1.3.4/5	20 Spielesammlung	$(10100)_2$ M5-1.3.4/5	2 Spielesammlung
Zweier	*Domino*	Zweier	*Domino*	Zweier	*Domino*
M5-1.3.4/5	Spielesammlung	M5-1.3.4/5	Spielesammlung	M5-1.3.4/5	Spielesammlung
Zweier	*Domino*	Zweier	*Domino*	Zweier	*Domino*
M5-1.3.4/5	Spielesammlung	M5-1.3.4/5	Spielesammlung	M5-1.3.4/5	Spielesammlung

4 Weitere Stellensysteme

4.1 Mit System (FA)

Spieldauer	Einzel/Gruppe	Lautstärke	Lerneffizienz	Beliebtheit
20 - 30 Min	❖	💣	💡💡	☺☺

Spielbeschreibung

Die Schüler werden in Kleingruppen (nicht mehr als fünf Schüler pro Gruppe) eingeteilt. Jeder Schüler erhält 7 Karten. Weitere Karten (etwa drei je Schüler) werden verdeckt auf einen Stapel gelegt.

Ziel des Spiels ist es, Tripletten aus zusammengehörigen Karten zu bilden, auf denen jeweils eine gleiche Zahl in unterschiedlichen Stellensystemen dargestellt ist

Beispiel einer Triplette: $(100010)_2 = (1021)_3 = (202)_4$

Nachdem alle Karten ausgeteilt sind, ordnen die Schüler ihre Karten und legen bereits fertige Tripletten ab. Für jede abgelegte Triplette erhalten sie einen Punkt. Darüber hinaus dürfen sie sich vom Stapel für jede abgelegte Triplette zwei Karten aufnehmen.

Anschließend können sie versuchen, weitere Tripletten zu vervollständigen. Hierzu nimmt zunächst ein Mitglied jeder Gruppe eine weitere Karte auf und gibt dann eine Karte an seinen linken Nachbarn. Der und danach der Reihe nach alle anderen verfahren ebenso. So können Tripletten nach und nach vervollständigt und abgelegt werden.

Das Spiel ist spätestens dann beendet, wenn ein Schüler nur noch zwei Karten in der Hand hat. Wer am Schluß innerhalb jeder Gruppe die meisten Tripletten abgelegt hat, ist Sieger.

Spielvarianten

1. Um den Reiz des Spiels etwas zu erhöhen, kann man einige Joker in das Spiel mischen. Mit ihnen lassen sich auch unvollständige Tripletten ablegen (z.B. $(100010)_2$, $(202)_4$ und *Joker*). Man kann darüber hinaus vereinbaren, daß abgelegte Joker durch passende Karten (im Beispiel: $(1021)_3$) eingetauscht werden können. (Mit jedem Joker wird die Spielzeit heruntergesetzt.)
2. Der Schüler, der ein vollständiges Quartett hat, wirft dieses auf den Spieltisch. Daraufhin sollen die Mitspieler versuchen, ihre Karten ebenfalls schnell auf den Tisch zu werfen. Demjenigen Schüler, der als letztes seine Karten abwirft, wird ein Punkt von einem vorher vereinbarten Punktekonto abgezogen. Anschließend werden die Karten neu gemischt und ausgeteilt werden.
3. Die Schüler versuchen reihum fehlende Karten durch geschicktes Fragen zu erhalten. Eine mögliche Frage lautet etwa: „Hast du die Karte mit der Zahl $(202)_4$?“
4. Nachdem die Klasse das Spiel einmal ausprobiert hat, kann man versuchen, mit ihr ein eigenes Triplettespiel zu erstellen. Die Kopiervorlagen hierfür finden sich auf Seite 26.

Material: Pro Gruppe ein Kartensatz (Kopiervorlagen hierfür befinden sich auf den folge den Seiten); erforderlich sind etwa 10 Karten je Schüler; dabei dürfen in einem Spiel auch gleiche Karten mehrfach vorkommen.

Mit System ☺☺☺☺☺ ☺☺☺☺☺ 63 Spielesammlung M5-1.4.1	Mit System ☺☺ $(111111)_2$ Spielesammlung M5-1.4.1	Mit System ☺☺☺☺ $(333)_4$ Spielesammlung M5-1.4.	Mit System ☺☺☺☺☺ ☺☺☺☺☺ 25 Spielesammlung M5-1.4.1
Mit System ☺☺ $(11001)_2$ Spielesammlung M5-1.4.1	Mit System ☺☺☺ $(221)_3$ Spielesammlung M5-1.4.1	Mit System ☺☺☺☺☺ ☺☺☺☺☺ 40 Spielesammlung M5-1.4.1	Mit System ☺☺ $(101000)_2$ Spielesammlung M5-1.4.1
Mit System ☺☺☺☺ $(220)_4$ Spielesammlung M5-1.4.1	Mit System ☺☺☺☺☺ ☺☺☺☺☺ 17 Spielesammlung M5-1.4.1	Mit System ☺☺ $(10001)_2$ Spielesammlung M5-1.4.1	Mit System ☺☺☺ $(120)_3$ Spielesammlung M5-1.4.1
Mit System ☺☺☺☺☺ ☺☺☺☺☺ 70 Spielesammlung M5-1.4.1	Mit System ☺☺☺ $(2121)_3$ Spielesammlung M5-1.4.1	Mit System ☺☺☺☺ $(1012)_4$ Spielesammlung M5-1.4.1	Mit System ☺☺☺☺☺ ☺☺☺☺☺ 1 Spielesammlung M5-1.4.1

Mit System ☺☺ $(1)_2$ Spielesammlung M5-1.4.1	**Mit System** ☺☺☺☺ $(1)_4$ Spielesammlung M5-1.4.1	**Mit System** ☺☺ $(1100100)_2$ Spielesammlung M5-1.4.1	**Mit System** ☺☺☺☺☺ ☺☺☺☺☺ 100 Spielesammlung M5-1.4.1
Mit System ☺☺☺ $(10201)_3$ Spielesammlung M5-1.4.1	**Mit System** ☺☺ $(111)_2$ Spielesammlung M5-1.4.1	**Mit System** ☺☺☺☺☺ ☺☺☺☺☺ 7 Spielesammlung M5-1.4.1	**Mit System** ☺☺☺☺ $(13)_4$ Spielesammlung M5-1.4.1
Mit System ☺☺ $(100000)_2$ Spielesammlung M5-1.4.1	**Mit System** ☺☺☺☺☺ ☺☺☺☺☺ 32 Spielesammlung M5-1.4.1	**Mit System** ☺☺☺☺ $(200)_4$ Spielesammlung M5-1.4.1	**Mit System** ☺☺☺☺ $(123)_4$ Spielesammlung M5-1.4.1
Mit System ☺☺☺☺☺ ☺☺☺☺☺ 27 Spielesammlung M5-1.4.1	**Mit System** ☺☺☺ $(1000)_3$ Spielesammlung M5-1.4.1	**Mit System** ☺☺☺☺ $(300)_4$ Spielesammlung M5-1.4.1	**Mit System** ☺☺☺☺☺ ☺☺☺☺☺ 48 Spielesammlung M5-1.4.1

Mit System ☺☺ $(1210)_3$ Spielesammlung M5-1.4.1	**Mit System** ☺☺☺ $(11)_3$ Spielesammlung M5-1.4.1	**Mit System** ☺☺☺☺ $(10)_4$ Spielesammlung M5-1.4.1	**Mit System** ☺☺ $(100)_2$ Spielesammlung M5-1.4.1
Mit System ☺☺ $(1011)_2$ Spielesammlung M5-1.4.1	**Mit System** ☺☺☺ $(102)_3$ Spielesammlung M5-1.4.1	**Mit System** ☺☺☺☺☺ ☺☺☺☺☺ 11 Spielesammlung M5-1.4.1	**Mit System** ☺☺ $(1000)_2$ Spielesammlung M5-1.4.1
Mit System ☺☺☺☺ $(20)_4$ Spielesammlung M5-1.4.1	**Mit System** ☺☺☺☺☺ ☺☺☺☺☺ 8 Spielesammlung M5-1.4.1	**Mit System** ☺☺ $(10101)_2$ Spielesammlung M5-1.4.1	**Mit System** ☺☺☺ $(210)_3$ Spielesammlung M5-1.4.1
Mit System ☺☺ 21 Spielesammlung M5-1.4.1	**Mit System**  Spielesammlung M5-1.4.1	**Mit System**  Spielesammlung M5-1.4.1	**Mit System**  Spielesammlung M5-1.4.1

Mit System ☺ Spielesammlung M5-1.4.1	Mit System ☺ Spielesammlung M5-1.4.1	Mit System ☺ Spielesammlung M5-1.4.1	Mit System ☺ Spielesammlung M5-1.4.1
Mit System ☺ Spielesammlung M5-1.4.1	Mit System ☺ Spielesammlung M5-1.4.1	Mit System ☺ Spielesammlung M5-1.4.1	Mit System ☺ Spielesammlung M5-1.4.1
Mit System ☺ Spielesammlung M5-1.4.1	Mit System ☺ Spielesammlung M5-1.4.1	Mit System ☺ Spielesammlung M5-1.4.1	Mit System ☺ Spielesammlung M5-1.4.1
Mit System ☺ Spielesammlung M5-1.4.1	Mit System ☺ Spielesammlung M5-1.4.1	Mit System ☺ Spielesammlung M5-1.4.1	Mit System ☺ Spielesammlung M5-1.4.1

5 Römische Zahlzeichen

5.1 Die Schatzsuche (FA)

Spieldauer	Einzel/Gruppe	Lautstärke	Lerneffizienz	Beliebtheit
10 - 15 Min	••••	💣	💡💡💡	☺☺☺

Spielbeschreibung

Jeder Schüler erhält ein Arbeitsblatt, auf dem der „Grundriß" eines Gebäudes eingezeichnet ist. Ziel ist es, den richtigen Weg durch die (quadratischen) Räume bis in eine Schatzkammer zu finden.

Der Eingang ins Gebäude ist durch einen Pfeil gekennzeichnet. Im ersten Raum gilt es, die in den Ecken benannten Zahlen zu addieren. Das Ergebnis dieser Rechnung findet sich dann als römische Zahl in einem der angrenzenden Zimmer. Dorthin führt der weitere Weg.

Ausschnitt :

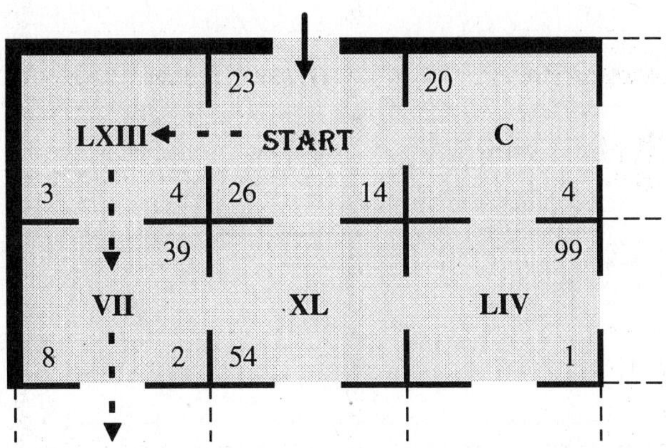

In gleicher Weise kann man sich so - Schritt für Schritt - vortasten, bis man in einen Raum gelangt, von dem es nicht mehr weitergeht, da sämtliche angrenzenden Räume falsche Ergebnisse aufweisen. Das ist die gesuchte Schatzkammer.

Lösung

LXIII ➲ VII ➲ XLIX ➲ CVI ➲ CCXVIII ➲ CXVI ➲ CM ➲ XXV ➲ LXVIII ➲ MDCXCIII ➲ IV ➲ XXIV ➲ CI ➲ CLXXIV ➲ XXVI ➲ DCCLI ➲ CVI ➲ CCLXV ➲ II ➲ CXLI ➲ CXXII ➲ CCXXVIII ➲ LX ➲ LXXVIII ➲ CXL ➲ XXII ➲ MLXX (= Schatzkammer)

Material

Pro Schüler ein Arbeitsblatt (Kopiervorlage liegt bei).

DIE SUCHE NACH DEM SCHATZ VON CÄSAR

Wir befinden uns im alten Rom im Jahre 46 v.Chr. . Die Zeiten sind hart. Julius Cäser hat leider für eines seiner ausgiebigen Gelage (großes Essen) die komplette Staatskasse vernichtet, so daß er wohl oder übel seine letzten Geldreserven anbrechen muß. Diese hatte er vor langer Zeit extra zu diesem Zweck tief unten im Keller seines Palastes angelegt. Aber wo? In der weisen Absicht, den Schatz vor Räubern zu schützen, hatte er das Geld im unübersichtlichen Kellergewölbe gut versteckt. Um den richtigen Weg zum Schatz zu finden, mußt du dich an folgende Anweisungen halten:

Der erste Raum ist durch **START** *vorgegeben. In diesem Raum müssen die arabischen Zahlen in den Ecken zusammengezählt werden. Das Ergebnis findet sich als römische Zahl in einem der unmittelbar angrenzenden Räume. Dorthin führt der Weg. In gleicher Weise gelangt man so - Schritt für Schritt - weiter bis zu einem Raum, von wo es nicht mehr weitergeht, weil das Ergebnis der Addition in keinem angrenzenden Raum zu finden ist. In diesem Raum befindet sich der Schatz! Kannst du ihn finden?*

– · – **LXIII** 3 · 4	23 · – **START** 26 · 14	20 · – **C** – · 4	1 · – **XXIV** 27 · 40	– · 950 **LXVIII** – · 743	1 · 1 **MDCXCIII** 1 · 1
– · 39 **VII** 8 · 2	– · – **XL** 54 · –	– · 99 **LIV** – · 1	1 · 13 **CM** 5 · 6	– · 68 **XXV** – · –	10 · 10 **IV** 2 · 2
36 · – **XLIX** – · 70	80 · 90 **CVI** 30 · 18	15 · 1 **CCXVIII** 100 · –	320 · 220 **CXVI** 120 · 240	– · 8 **C** – · 10	37 · 50 **XXIV** 7 · 7
12 · 12 **LXX** 12 · 12	14 · 26 **XLVIII** – · –		– · 100 **XXIIIIX** 16 · –	8 · 5 **CLXXIV** 7 · 6	150 · 23 **CI** – · 1
3 · 3 **XLVIII** – · –	26 · 84 **CCI** – · 44	200 · – **LXX** 1 · –	– · 35 **DCCLI** – · 71	750 · – **XXVI** – · 1	2 · – **LCCI** – · 70
11 · 22 **VI** 44 · 33	4 · 3 **CX** 1 · 6	43 · 12 **C** – · 15	254 · 1 **CVI** – · 10	– · 1 **DDLXV** 1 · –	
– · 7 **XXXV** 1 · 29		25 · 25 **DLXX** – · 50	– · – **CCLXV** – · 2	40 · 100 **II** 1 · –	16 · 20 **CXXXXI** 4 · 1
– · 35 **DXXXV** 1 · –	56 · 488 **MLXX** – · 1	866 · 200 **XXII** – · 4		65 · 20 **CXLI** – · 37	90 · 38 **CXXII** 100 · –
100 · – **XXXIV** – · –	50 · – **C** 29 · 2	3 · 8 **CXL** 8 · 3	35 · 35 **LXXVIII** 35 · 35	76 · – **LX** – · 2	– · 60 **CCXXVIII** – · –

5.2 Römisches Domino, Römisches Memory (FA)

Spieldauer	Einzel/Gruppe	Lautstärke	Lerneffizienz	Beliebtheit
20 - 25 Min	❖	💣	💡	☺☺

Spielbeschreibung

Die Spiele werden nach den üblichen Domino- bzw. Memory-Spielregeln gespielt. (Vergleiche Abschnitte 1.3.4. und 1.3.5)

Tip für das Spiel:

Wenn man die Klasse in vier bis sechs Gruppen aufteilt, kann sich jede Gruppe mit einem anderen Spiel beschäftigen. Dazu eignen sich insbesondere das Zweier-Domino, das Zweier-Memory (vgl. Abschnitte 1.3.4 und 1.3.5), das Römische Domino und das Römische Memory, aber auch andere vergleichbare Spiele wie beispielsweise ein Kopfrechnen-Domino oder ein Kopfrechnen-Memory. Nach einer festgesetzten Zeit wechseln die Gruppen (im Uhrzeigersinn) zum nächsten Spiel, so daß die Gruppen am Schluß mit jedem der eingesetzten Spiele einmal beschäftigt waren.

Material

Zahlen-Karten (siehe Kopiervorlage).

RÖMISCHES Domino DXII 28 M5-1.5.2 Spielesammlung	RÖMISCHES Domino XXVIII 19 M5-1.5.2 Spielesammlung	RÖMISCHES Domino XIX 251 M5-1.5.2 Spielesammlung
RÖMISCHES Domino CCLI 1244 M5-1.5.2 Spielesammlung	RÖMISCHES Domino MCCXLIV 7 M5-1.5.2 Spielesammlung	RÖMISCHES Domino VII 29 M5-1.5.2 Spielesammlung
RÖMISCHES Domino XXIX 69 M5-1.5.2 Spielesammlung	RÖMISCHES Domino LXIX 14 M5-1.5.2 Spielesammlung	RÖMISCHES Domino XIV 1271 M5-1.5.2 Spielesammlung
RÖMISCHES Domino MCCLXXI 9 M5-1.5.2 Spielesammlung	RÖMISCHES Domino IX 129 M5-1.5.2 Spielesammlung	RÖMISCHES Domino CXXIX 411 M5-1.5.2 Spielesammlung
RÖMISCHES Domino CDXI 10 M5-1.5.2 Spielesammlung	RÖMISCHES Domino X 17 M5-1.5.2 Spielesammlung	RÖMISCHES Domino XVII 114 M5-1.5.2 Spielesammlung
RÖMISCHES Domino CXIV 21 M5-1.5.2 Spielesammlung	RÖMISCHES Domino XXI 124 M5-1.5.2 Spielesammlung	RÖMISCHES Domino CXXIV 94 M5-1.5.2 Spielesammlung
RÖMISCHES Domino XCIV 1 M5-1.5.2 Spielesammlung	RÖMISCHES Domino I 33 M5-1.5.2 Spielesammlung	RÖMISCHES Domino XXXIII 35 M5-1.5.2 Spielesammlung
RÖMISCHES Domino XXXV 500 M5-1.5.2 Spielesammlung	RÖMISCHES Domino D 78 M5-1.5.2 Spielesammlung	RÖMISCHES Domino LXXVIII 1000 M5-1.5.2 Spielesammlung
RÖMISCHES Domino M 250 M5-1.5.2 Spielesammlung	RÖMISCHES Domino CCL 25 M5-1.5.2 Spielesammlung	RÖMISCHES Domino XXV 122 M5-1.5.2 Spielesammlung
RÖMISCHES Domino CXXII 420 M5-1.5.2 Spielesammlung	RÖMISCHES Domino CDXX 4 M5-1.5.2 Spielesammlung	RÖMISCHES Domino IV 94 M5-1.5.2 Spielesammlung

RÖMISCHES XCIV M5-1.5.2	*Domino* 331 Spielesammlung	RÖMISCHES CCCXXXI M5-1.5.2	*Domino* 1666 Spielesammlung	RÖMISCHES MDCLXVI M5-1.5.2	*Domino* 27 Spielesammlung
RÖMISCHES XXVII M5-1.5.2	*Domino* 74 Spielesammlung	RÖMISCHES LXXIV M5-1.5.2	*Domino* 603 Spielesammlung	RÖMISCHES DCIII M5-1.5.2	*Domino* 18 Spielesammlung
RÖMISCHES XVIII M5-1.5.2	*Domino* 1019 Spielesammlung	RÖMISCHES MXIX M5-1.5.2	*Domino* 210 Spielesammlung	RÖMISCHES CCX M5-1.5.2	*Domino* 444 Spielesammlung
RÖMISCHES CDXLIV M5-1.5.2	*Domino* 23 Spielesammlung	RÖMISCHES XXIII M5-1.5.2	*Domino* 2509 Spielesammlung	RÖMISCHES MMDIX M5-1.5.2	*Domino* 177 Spielesammlung
RÖMISCHES CLXXVII M5-1.5.2	*Domino* 24 Spielesammlung	RÖMISCHES XXIV M5-1.5.2	*Domino* 119 Spielesammlung	RÖMISCHES CXIX M5-1.5.2	*Domino* 68 Spielesammlung
RÖMISCHES LXVIII M5-1.5.2	*Domino* 517 Spielesammlung	RÖMISCHES DXVII M5-1.5.2	*Domino* 341 Spielesammlung	RÖMISCHES CCCXLI M5-1.5.2	*Domino* 5 Spielesammlung
RÖMISCHES V M5-1.5.2	*Domino* 509 Spielesammlung	RÖMISCHES DIX M5-1.5.2	*Domino* 201 Spielesammlung	RÖMISCHES CCI M5-1.5.2	*Domino* 95 Spielesammlung
RÖMISCHES XCV M5-1.5.2	*Domino* 88 Spielesammlung	RÖMISCHES LXXXVIII M5-1.5.2	*Domino* 524 Spielesammlung	RÖMISCHES DXXIV M5-1.5.2	*Domino* 512 Spielesammlung
RÖMISCHES M5-1.5.2	*Domino* Spielesammlung	RÖMISCHES M5-1.5.2	*Domino* Spielesammlung	RÖMISCHES M5-1.5.2	*Domino* Spielesammlung
RÖMISCHES M5-1.5.2	*Domino* Spielesammlung	RÖMISCHES M5-1.5.2	*Domino* Spielesammlung	RÖMISCHES M5-1.5.2	*Domino* Spielesammlung

6 Rechengesetze, Rechenvorteile

6.1 Rezeptspiel (FA)

Spieldauer	Einzel/Gruppe	Lautstärke	Lerneffizienz	Beliebtheit
10 - 15 Min	**2**	💣	💡💡	☺☺☺

Spielbeschreibung

Die Klasse wird in Zweiergruppen eingeteilt. Jede Gruppe erhält einen Spielbogen, auf dem „Zutaten“ und „Speisen“ mit Zahlen eingezeichnet sind.

Die Schüler sollen versuchen, durch Verknüpfung der „Zutaten“ möglichst viele „Speisen“ zu erstellen. Was an „Zutaten“ verfügbar ist und zu welchen „Speisen“ sie verarbeitet werden sollen, ist aus der nachfolgenden Speise- und Vorratsliste (Kopiervorlage auf der nächsten Seite) zu ersehen; dabei sollen die „Zutaten“ durch Einbeziehung in Rechnungen im Hinblick auf die beabsichtigte „Speise“ geschmacklich abgestimmt werden.

Beispiel: $6 = 7 + 9 - (2 + 8)$

Die Rechnungen dürfen alle Grundrechenarten und Klammern beliebig oft enthalten, aber jede „Zutat“ darf für die Zubereitung ein und derselben „Speise“ nur einmal verwendet werden. Wer einen passenden Term gefunden hat, trägt ihn auf einen Zettel, die „Speisekarte“ ein. Sieger ist der Spieler, der am Schluß die meisten „Speisen“ geschaffen hat.

Material

Pro Gruppe ein Arbeitsbogen (Kopiervorlage liegt bei) und zwei verschiedenfarbige Stifte.

Das Rezeptspiel

6.2 Rechenlotto (FA)

Spieldauer	Einzel/Gruppe	Lautstärke	Lerneffizienz	Beliebtheit
20 - 30 Min	■ / ❖	💣💣	💡💡💡	☺☺☺

Spielbeschreibung

Die Klasse wird in Kleingruppen eingeteilt, die jeweils ein Arbeitsblatt und drei Würfel erhalten.

Die Schüler würfeln reihum mit allen drei Würfeln. Sie müssen versuchen, unter Verwendung (nur) der drei erwürfelten Zahlen eine Rechenaufgabe zu bilden, die als Ergebnis eine der Zahlen von 1- 12 ausweist.

Beispiel:

Ein Schüler würfelt die Zahlen 1, 3 und 6. Er kann dann

die Zahl 3 durch $1 \cdot 6 - 3$,

die Zahl 4 durch $1 + 6 - 3$,

die Zahl 10 durch $1 + 6 + 3$,

erhalten.

Die Rechnung, für die sich der Schüler entscheidet (nur eine je Wurf), wird in das Aufgabenblatt in die Zeile geschrieben, in deren letzter Spalte das zutreffende Ergebnis steht. Diese Zeile ist dann aber für weitere Rechnungen mit demselben Ergebnis gesperrt. Zu Beginn des Spiels ist es für die Schüler daher noch recht einfach, passende Rechnungen zu finden. Im Verlauf des Spieles wird dies aber zunehmend schwerer.

Gewonnen hat der Schüler, der als erster das gesamte Arbeitsblatt ausgefüllt hat.

Spielvariante

Der Schwierigkeitsgrad läßt sich durch höhere Ergebniszahlen beliebig steigern.

Material

Pro Spielgruppe drei Würfel, pro Schüler ein Arbeitsblatt.

Rechenlotto

Name	Zahl	Rechen-zeichen	Zahl	Rechen-zeichen	Zahl		Ergebnis
						=	1
						=	2
						=	3
						=	4
						=	5
						=	6
						=	7
						=	8
						=	9
						=	10
						=	11
						=	12

6.3 Mathe-Puzzle (FA)

Spieldauer	Einzel/Gruppe	Lautstärke	Lerneffizienz	Beliebtheit
10 - 15 Min	•••• / ❖	💣	💡	☺

Spielbeschreibung

Das Arbeitsblatt wird an den gepunkteten Linien zerschnitten, so daß ein Puzzle entsteht.

Die Schüler (Kleingruppen) erhalten nun die Bruchstücke dieses Puzzles und die Aufgabe, die einzelnen Teile zusammenzulegen. Das fertige „Puzzlebild“ kann beispielsweise als Hausaufgabe in das Heft geklebt werden.

Material

Pro Schüler (Kleingruppe) ein Arbeitsblatt.

Multipliziere 7 mit der Summe aus 12 und 15.	Einhundertneunundachtzig
Addiere zu der Zahl 39 das Produkt der Zahlen 13 und 29.	Vierhundertsechzehn
Addiere zur Differenz der beiden Zahlen 16 und 5 die Zahl 17.	Achtundzwanzig
Dividiere die Summe der beiden Zahlen 104 und 36 durch die Zahl 7	Zwanzig
Multipliziere den Quotient von 92 und 4 mit der Summe der Zahlen 7 und 11.	Vierhundertvierzehn.
Subtrahiere von dem Produkt der beiden Zahlen 15 und 2 die Zahl 23.	Sieben
Dividiere die Differenz der Zahlen 1000 und 168 durch die Summe der Zahlen 13 und 3.	Zweiundfünfzig
Addiere zur Summe der beiden Zahlen 19 und 37 die Differenz der beiden Zahlen 36 und 5.	Siebenundachtzig
Multipliziere den Quotienten der beiden Zahlen 125 und 25 mit der 9.	Fünfundvierzig
Subtrahiere die Differenz der Zahlen 1000 und 348 von dem Produkt der Zahlen 34 und 78.	Zweitausend

6.4 Setz´ die Klammer!

Spieldauer	Einzel/Gruppe	Lautstärke	Lerneffizienz	Beliebtheit
10 - 20 Min	■	💣	💡💡	☺

Spielbeschreibung

Alle Schüler erhalten ein Arbeitsblatt mit drei Aufgaben. Sie sollen nun versuchen, durch geschicktes Setzen von Klammern (auch Doppelklammern) ohne sonstige Veränderung der Aufgaben möglichst viele verschiedene Ergebnisse zu erzielen.

Beispiel:

Aus der Gleichung

$$\mathbf{35 + 9 - 4 + 2 \cdot 6 - 2 = 50}$$

erhält man z.B.

$$35 + 9 - 4 + 2 \cdot (6 - 2) = 48$$

$$35 + 9 - (4 + 2 \cdot 6 - 2) = 30$$

$$35 + 9 - (4 + 2 \cdot (6 - 2)) = 32$$

Für diese vier Lösungen (drei mit und eine ohne Klammern) würde ein Schüler beispielsweise 4 Punkte erhalten.

Die Ergebnisse können auf dem Tageslichtprojektor verglichen werden.

Bemerkung

Die Schüler sollen durch das Spiel lernen, welche immense Bedeutung Klammern in einer Rechnung haben können.

Material

Pro Schüler ein Arbeitsblatt.

Setz´ die Klammer!

99 - 2 + 3 · 4 + 2 - 6 =

36 - 2 + 6 · 2 - 7 · 2 =

50 - 4 - 2 - 8 + 12 + 1 =

6.5 Schwedenrätsel (FA)

Spieldauer	Einzel/Gruppe	Lautstärke	Lerneffizienz	Beliebtheit
10 Min	••• / ■	💣	💡💡	☺☺

Spielbeschreibung

Die Schüler sollen versuchen, das anliegende „Schwedenrätsel" nach Art der Kreuzworträtsel entweder gemeinsam auf einer Folie oder in Einzelarbeit zu lösen. Jede Ziffer der Lösungen beansprucht ein eigenes Feld.

Material

Folie oder Kopien.

Schwedenrätsel

waagerecht

1) 6 · 26 **3)** 11 · 11 **5)** 8 · 80 **6)** 19 · 5 **8)** 15 · 18

10) 3087 · 3 **12)** 20 · 200 + 1 **14)** 14 · 14 - 5 **15)** 597 : 3 **18)** 3 · 5

19) 6336 · 9 **21)** 2 · 2 **22)** 126 · 4 **23)** 846 : 2 **24)** 923 · 2

senkrecht

1) 256 · 4 **2)** 6 · 11000 + 9 **3)** 10 · 10 + 9 **4)** 14 · 14 **7)** 7 · 7 + 2

9) 1403 · 5 **11)** 77 · 30 **13)** 2300 : 2 **16)** 9 · 11 - 7 **17)** 2364 · 4

18) 12 · 12 **20)** 7 · 106 - 1 **22)** 3800 - 3747

1		2	■	3		4	■
	■	5			■	6	7
8	9		■	10	11		
12			13	■		■	■
■	14			■	15	16	17
18		■	19	20			
21	■	22			■	■	
23			■	24			

6.6 Nach Gesetz

Spieldauer	Einzel/Gruppe	Lautstärke	Lerneffizienz	Beliebtheit
20 - 30 Min	❖ / ■	💣	💡💡	☺

Spielbeschreibung

Die Klasse (oder jede Kleingruppe) wird in zwei Mannschaften eingeteilt. Jede Mannschaft zieht von einem Stapel mit Zahlenkarten vier und von einem zweiten Kartenstapel mit den Rechenzeichen der Grundrechenarten drei Karten.

Die Schüler erhalten nun die Aufgabe, die gezogenen Karten mit den Zahlen und Rechenzeichen so in eine Reihenfolge zu legen, daß sich eine Rechnung mit einem möglichst hohen Resultat ergibt. Hierbei dürfen sie zusätzlich auch Klammern verwenden und dazu von einem dritten Kartenstapel mit Klammerkarten beliebig Karten hinzunehmen. Mehrere Versuche sind gestattet.

Nach einer festgelegten Zeit dürfen die Schüler nicht mehr weiter überlegen. Die Ergebnisse können dann an der Tafel verglichen und mit den Rechengesetzen begründet werden. Die Mannschaften erhalten daraufhin entsprechend ihrem höchsten Ergebnis Punkte.

Beispiel:

Gezogene Zahlen-Karten: ***10***; ***2***; ***3*** und ***8***

Gezogene Rechenzeichen-Karten: **+**; **-** und

Mannschaft A findet maximal $8 \cdot 10 + 3 - 2$ und erhält dafür 81 Punkte;

oder maximal $10 \cdot (8 + 3) - 2$ und erhält dafür 108 Punkte;

Der Schwierigkeitsgrad läßt sich durch die Anzahl der zu ziehenden Karten beliebig steigern.

Tip für das Spiel

Wenn man die Karten vorher auf Folie kopiert, läßt sich der Vergleich auch auf dem Tageslichtprojektor gut durchführen.

Spielvarianten

1. Vor dem Ziehen der Karten wird vom Lehrer eine Zahl vorgegeben. Die Schüler sollen nun mit den gezogenen Karten eine Rechnung aufstellen, deren Ergebnis der vorgegebenen Zahl möglichst nahe kommt. Hier werden die verbleibenden Differenzpunkte gezählt, und Sieger ist die Mannschaft mit den wenigsten Punkten.
2. Die Kleingruppen erhalten ein Spielblatt, auf dem 16 Zahlen stehen. Der Schüler, der beginnt, nimmt die erste Karte vom Stapel mit den Zahlen. Kann er die Zahl auf dem Spielblatt finden, erhält er einen Punkt und die Karte wird wieder umgedreht unter den Stapel gelegt.

   Kann er hingegen die Zahl auf dem Spielblatt nicht finden, bleibt die Karte offen liegen. Der nächste Spieler ist am Zug, der seinerseits eine Karte aufdeckt. Er darf nun eine Rechnung aus den beiden Zahlen bilden. Gelingt es ihm, eine Rechnung aufzustellen, deren Ergebnis eine Zahl auf dem Spielblatt ist, erhält er einen Punkt.

Material: Ein Satz Spielkarten (Kopiervorlage liegt bei).

NACH GESETZ Zahlen-Karte 1 Spielesammlung M5-1.6.6	NACH GESETZ Zahlen-Karte 2 Spielesammlung M5-1.6.6	NACH GESETZ Zahlen-Karte 3 Spielesammlung M5-1.6.6	NACH GESETZ Zahlen-Karte 4 Spielesammlung M5-1.6.6
NACH GESETZ Zahlen-Karte 5 Spielesammlung M5-1.6.6	NACH GESETZ Zahlen-Karte 6 Spielesammlung M5-1.6.6	NACH GESETZ Zahlen-Karte 7 Spielesammlung M5-1.6.6	NACH GESETZ Zahlen-Karte 8 Spielesammlung M5-1.6.6
NACH GESETZ Zahlen-Karte 9 Spielesammlung M5-1.6.6	NACH GESETZ Zahlen-Karte 10 Spielesammlung M5-1.6.6	NACH GESETZ Zahlen-Karte 11 Spielesammlung M5-1.6.6	NACH GESETZ Zahlen-Karte 12 Spielesammlung M5-1.6.6
NACH GESETZ Zahlen-Karte 13 Spielesammlung M5-1.6.6	NACH GESETZ Zahlen-Karte 14 Spielesammlung M5-1.6.6	NACH GESETZ Zahlen-Karte 15 Spielesammlung M5-1.6.6	NACH GESETZ Zahlen-Karte 16 Spielesammlung M5-1.6.6

NACH GESETZ Rechenzeichen-Karte + Spielesammlung M5-1.6.6	NACH GESETZ Rechenzeichen-Karte − Spielesammlung M5-1.6.6	NACH GESETZ Rechenzeichen-Karte • Spielesammlung M5-1.6.6	NACH GESETZ Rechenzeichen-Karte : Spielesammlung M5-1.6.6
NACH GESETZ Rechenzeichen-Karte + Spielesammlung M5-1.6.6	NACH GESETZ Rechenzeichen-Karte − Spielesammlung M5-1.6.6	NACH GESETZ Rechenzeichen-Karte • Spielesammlung M5-1.6.6	NACH GESETZ Rechenzeichen-Karte : Spielesammlung M5-1.6.6
NACH GESETZ Rechenzeichen-Karte (Spielesammlung M5-1.6.6	NACH GESETZ Rechenzeichen-Karte) Spielesammlung M5-1.6.6	NACH GESETZ Rechenzeichen-Karte (Spielesammlung M5-1.6.6	NACH GESETZ Rechenzeichen-Karte) Spielesammlung M5-1.6.6
NACH GESETZ Rechenzeichen-Karte (Spielesammlung M5-1.6.6	NACH GESETZ Rechenzeichen-Karte) Spielesammlung M5-1.6.6	NACH GESETZ Rechenzeichen-Karte (Spielesammlung M5-1.6.6	NACH GESETZ Rechenzeichen-Karte) Spielesammlung M5-1.6.6

7 *Kopfrechnen, Großes Einmaleins*

7.1 Lothar Mathe-Us (FA)

Spieldauer	Einzel/Gruppe	Lautstärke	Lerneffizienz	Beliebtheit
15 - 20 Min	**2**	💣	💡💡	☺☺☺

Spielbeschreibung

Die Klasse wird in Zweiergruppen eingeteilt. Jede Gruppe erhält ein Spielfeld, auf dem die Umrisse eines Fußballfeldes und Zahlen eingezeichnet sind. Die Zahlen stellen Fußballspieler dar.

Per Los wird entschieden, welcher Schüler Anstoß hat; der darf den Ball dann in das Spielfeld dreschen, d.h. er gibt den Ball an einen bestimmten Spieler ab.

Beispiel:

Schüler 1 beginnt und entscheidet sich für den „Spieler" **32**.

Nun ist sein Gegner an der Reihe. Er übernimmt den Ball, wo ihn sein Kontrahent hingeschossen hat (d.h. mit der diesem Spieler zugeordneten Zahl), und hält ihn zwei Spielzüge lang im Besitz. Er kann also hintereinander mit Hilfe zweier auf dem Spielfeld postierter Fußballspieler (d.h. unter rechnerischer Verknüpfung der diese repräsentierenden Zahlen mit der Ausgangszahl) versuchen, das gegnerische Tor (d.h. die im gegnerischen Tor vermerkte Zahl) zu treffen. Alle Rechenarten sind erlaubt.

Beispiel:

Schüler 2 spielt mit den Spielern „**2**" und „**8**" folgenden Spielzug: $32 \cdot 2 - 8 = 56$

Übernommener Ball (32) – 2 Spieler (2, 8) – Abzugebende Ball (56)

Hat sich nach den beiden Spielzügen noch kein Tor ergeben, übernimmt der andere Spieler den Ball (mit dem Ergebnis der letzten vorausgegangenen Rechnung) und hat nun seinerseits zwei Spielzüge, um das Tor seines Gegners zu treffen. Immer nach zwei Spielzügen wechselt die Initiative, bis schließlich ein Tor fällt.

Beispiel:

Anschließend gelingt es Schüler 1, durch den folgenden Spielzug ein Tor zu erzielen:

$56 : 8 \cdot 9 = 63$

Spielvariante

In einer zweiten Phase können die Schüler selbst die Spieler auf das Spielfeld postieren und für sie Zahlen festlegen.

Material: Ein Arbeitsblatt mit dem Spielfeld.

63
6
12
2
9
3
32
25
8
7
4
54

7.2 Termi (FA)

Spieldauer	Einzel/Gruppe	Lautstärke	Lerneffizienz	Beliebtheit
10 - 20 Min	■	💣💣💣	💡💡	☺☺☺

Spielbeschreibung

Der Lehrer zeigt den Schülern eine Folie auf dem Tageslichtprojektor, auf der die Zahlen von 1 bis 20 willkürlich und mehrfach in einem Zahlenfeld abgebildet sind. Anschließend gibt er den Schülern eine Zahl zwischen 1 und 100 vor. Die Schüler sollen nun versuchen, auf der Folie in einer Reihe (waagerecht, senkrecht oder diagonal) Zahlen zu finden, die - durch beliebige Rechenzeichen verbunden - eine Rechnung ergeben, deren Ergebnis der vorgegebenen Zahl entspricht.

Beispiele: Vorgegeben ist *39*

$39 = 5 \cdot 8 - 1$ oder

$39 = 2 \cdot 1 \cdot 10 + 19$ oder

$39 = 15 \cdot 2 + 0 + 9$

5	4	7	1	3	12	6	3
1	8	5	6	6	0	8	9
4	6	1	3	1	9	18	2
8	2	6	10	11	3	9	3
2	0	1	7	3	9	15	15
5	4	14	15	4	1	10	2
7	9	2	1	10	19	4	0
4	8	4	2	3	7	6	9
0	2	3	11	5	14	9	10
8	10	5	5	0	10	13	9
16	2	17	6	10	7	1	8

Es muß zu Beginn vereinbart werden, ob es irgendwelche Einschränkungen in Hinblick auf die Art und die Anzahl der Rechenschritte gibt. So kann beispielsweise festgelegt werden, ob und wie viele Klammern bei den Rechnungen verwendet werden dürfen.

Der Schüler, der eine Aufgabe zuerst bewältigt, erhält einen Punkt. Gewonnen hat der Spieler, der die meisten Punkte sammeln kann.

Spielvariante

Um das Finden der Rechenschritte zu erschweren, kann man neben der Begrenzung ihrer Anzahl auch die Zahlen auf dem Zahlenfeld beschränken (Abdecken auf der Folie). So kann vereinbart werden, daß jede einmal verwendete Zahl kein zweites Mal in einer Rechnung benutzt werden darf.

Material

Folie (Kopiervorlage liegt bei).

Termi

5	4	7	1	3	12	6	3
1	8	5	6	6	0	8	9
4	6	7	3	1	9	18	2
8	2	6	10	11	3	9	3
2	0	1	7	3	9	15	15
5	4	14	15	4	1	10	2
7	9	2	1	10	19	4	0
4	8	4	2	3	7	6	9
0	2	3	11	5	14	9	10
8	10	5	5	0	10	13	9
16	2	17	6	10	7	1	8

8 Quadratzahlen

8.1 Im Quadrat (FA)

Spieldauer	Einzel/Gruppe	Lautstärke	Lerneffizienz	Beliebtheit
20 - 30 Min	❖	💣	💡💡	☺☺

Spielbeschreibung

Wieder geht es um eine Art „Quartett". Die Spielregeln stimmen im wesentlichen mit denen überein, die schon in Abschnitt 1.4.1 beschrieben worden sind. Allerdings gehören jetzt lediglich zwei Karten zueinander (Dublette).

<u>Beispiel für eine Dublette:</u>

8^2 und *64*

Für die selbständige Herstellung eines Spieles befindet sich auf Seite 58 eine Kopiervorlage.

Material

Pro Gruppe ein Kartensatz.

Im Quadrat 1^2 Spielesammlung M5-1.8.1	Im Quadrat 1 Spielesammlung M5-1.8.1	Im Quadrat 2^2 Spielesammlung M5-1.8.1	Im Quadrat 4 Spielesammlung M5-1.8.1
Im Quadrat 3^2 Spielesammlung M5-1.8.1	Im Quadrat 9 Spielesammlung M5-1.8.1	Im Quadrat 4^2 Spielesammlung M5-1.8.1	Im Quadrat 16 Spielesammlung M5-1.8.1
Im Quadrat 5^2 Spielesammlung M5-1.8.1	Im Quadrat 25 Spielesammlung M5-1.8.1	Im Quadrat 6^2 Spielesammlung M5-1.8.1	Im Quadrat 36 Spielesammlung M5-1.8.1
Im Quadrat 7^2 Spielesammlung M5-1.8.1	Im Quadrat 49 Spielesammlung M5-1.8.1	Im Quadrat 8^2 Spielesammlung M5-1.8.1	Im Quadrat 64 Spielesammlung M5-1.8.1

Im Quadrat 9^2 Spielesammlung M5-1.8.1	Im Quadrat 81 Spielesammlung M5-1.8.1	Im Quadrat 10^2 Spielesammlung M5-1.8.1	Im Quadrat 100 Spielesammlung M5-1.8.1
Im Quadrat 11^2 Spielesammlung M5-1.8.1	Im Quadrat 121 Spielesammlung M5-1.8.1	Im Quadrat 12^2 Spielesammlung M5-1.8.1	Im Quadrat 144 Spielesammlung M5-1.8.1
Im Quadrat 13^2 Spielesammlung M5-1.8.1	Im Quadrat 169 Spielesammlung M5-1.8.1	Im Quadrat 14^2 Spielesammlung M5-1.8.1	Im Quadrat 196 Spielesammlung M5-1.8.1
Im Quadrat 15^2 Spielesammlung M5-1.8.1	Im Quadrat 225 Spielesammlung M5-1.8.1	Im Quadrat 16^2 Spielesammlung M5-1.8.1	Im Quadrat 256 Spielesammlung M5-1.8.1

Im Quadrat 17^2 Spielesammlung M5-1.8.1	Im Quadrat 289 Spielesammlung M5-1.8.1	Im Quadrat 18^2 Spielesammlung M5-1.8.1	Im Quadrat 324 Spielesammlung M5-1.8.1
Im Quadrat 19^2 Spielesammlung M5-1.8.1	Im Quadrat 361 Spielesammlung M5-1.8.1	Im Quadrat 20^2 Spielesammlung M5-1.8.1	Im Quadrat 400 Spielesammlung M5-1.8.1
Im Quadrat 25^2 Spielesammlung M5-1.8.1	Im Quadrat 625 Spielesammlung M5-1.8.1	Im Quadrat 100^2 Spielesammlung M5-1.8.1	Im Quadrat 10000 Spielesammlung M5-1.8.1
Im Quadrat $0{,}5^2$ Spielesammlung M5-1.8.1	Im Quadrat 0,25 Spielesammlung M5-1.8.1	Im Quadrat $0{,}1^2$ Spielesammlung M5-1.8.1	Im Quadrat 0,01 Spielesammlung M5-1.8.1

Im Quadrat Spielesammlung M5-1.8.1	Im Quadrat Spielesammlung M5-1.8.1	Im Quadrat Spielesammlung M5-1.8.1	Im Quadrat Spielesammlung M5-1.8.1
Im Quadrat Spielesammlung M5-1.8.1	Im Quadrat Spielesammlung M5-1.8.1	Im Quadrat Spielesammlung M5-1.8.1	Im Quadrat Spielesammlung M5-1.8.1
Im Quadrat Spielesammlung M5-1.8.1	Im Quadrat Spielesammlung M5-1.8.1	Im Quadrat Spielesammlung M5-1.8.1	Im Quadrat Spielesammlung M5-1.8.1
Im Quadrat Spielesammlung M5-1.8.1	Im Quadrat Spielesammlung M5-1.8.1	Im Quadrat Spielesammlung M5-1.8.1	Im Quadrat Spielesammlung M5-1.8.1

9 Runden, Überschlagsrechnungen

9.1 Das Gurken-Spiel (FA)

Spieldauer	Einzel/Gruppe	Lautstärke	Lerneffizienz	Beliebtheit
15 - 25 Min	**2**	💣	💡💡💡	☺☺☺

Spielbeschreibung

Die Klasse wird bankweise in Zweiergruppen eingeteilt, die jeweils einen Kartensatz erhalten. Eine Karte jedes Satzes ist auf der Oberseite als Startkarte gekennzeichnet; alle anderen Karten zeigen auf ihrer Oberseite denkbare Ergebnisse von Rechenaufgaben.

Auf ein Startzeichen des Lehrers beginnen die Schüler, die auf der Rückseite der Startkarten formulierte Aufgabe zu bearbeiten. Sie müssen dann die Karte suchen, auf der das Ergebnis ihrer Startaufgabe steht. Da sich die auf den Karten ausgewiesenen Ergebnisse deutlich unterscheiden, genügt bei der Aufgabenlösung in vielen Fällen ein Überschlag (darauf sollte man die Schüler aufmerksam machen). Hierbei wirkt es sich positiv aus, daß die Karten und damit die möglichen Lösungen im Verlauf des Spiels weniger werden, so daß ein Überschlag immer einfacher durchzuführen ist.

Glauben die Schüler, die richtige Lösung und damit die zutreffende Karte gefunden zu haben, erhalten sie auf deren Rückseite die nächste Aufgabe. Das wird solange fortgesetzt, bis nach 15 Karten die Zielkarte erreicht wird. Sieger ist die Gruppe, die zuerst alle Rechnungen bis zur Zielkarte gelöst und die Karten in der richtigen Reihenfolge als Kartenkette auf den Tisch gelegt hat (vergleiche hierzu auch die Bemerkung).

Unterläuft einer Gruppe bei einer Rechnung ein Fehler, gibt es zwei Möglichkeiten:

1. Die Schüler haben zwar eine falsche Karte gewählt, aber - zufällig - doch eine aus der Kartenkette, die bis zum Ziel führt. Eine oder einige Karten aus dieser Kette sind dann aber ausgelassen und so der Weg zum Ziel „abgekürzt“ worden. Erst am Ende kann man an der geringeren Anzahl der Karten erkennen, daß ein Fehler gemacht wurde.
2. Die Schüler haben eine Karte ausgewählt, die nicht zur richtigen Kartenkette gehört. Ein solcher Irrweg führt spätestens nach zwei Karten zu einer „Vergurkt-Karte“. Der Fehler liegt dann ein oder zwei Karten zurück und muß dort korrigiert werden, was natürlich Zeit kostet.

Bemerkung:

Zur einfacheren Kontrolle der richtigen Kartenkette sind die Aufgaben so konzipiert, daß die jeweils letzten Ziffern der Lösungen in der richtigen Reihenfolgen die Zahlen von 1 bis 15 ergeben. So können die Schüler nach Ablauf des Spiels schnell überprüfen, ob sie richtig gerechnet haben oder ob und wo ihnen Fehler unterlaufen sind.

Material

Ein Kartenspiel pro Schülergruppe.

Gurken-Spiel 8361 · 161 (Startkarte)	Gurken-Spiel 125003 · 25 M5-1.9.1	Gurken-Spiel 8899 · 1001 M5-1.9.1	Gurken-Spiel 20071 · 3 M5-1.9.1
Gurken-Spiel 22640 + 1242 M5-1.9.1	Gurken-Spiel 98264 + 83722 M5-1.9.1	Gurken-Spiel 46354 + 9265456 M5-1.9.1	Gurken-Spiel 176515 + 835299 M5-1.9.1
Gurken-Spiel 232654 - 99931 M5-1.9.1	Gurken-Spiel 4749 - 162 M5-1.9.1	Gurken-Spiel 99522 - 62811 M5-1.9.1	Gurken-Spiel 23595 : 33 M5-1.9.1
Gurken-Spiel 2252 : 563 M5-1.9.1	Gurken-Spiel 4788 : 266 M5-1.9.1	Gurken-Spiel 34232 : 11 M5-1.9.1	Gurken-Spiel ☺ Zielkarte ☺ M5-1.9.1

LÖSUNG 3112	LÖSUNG 18	LÖSUNG 4	LÖSUNG (Startkarte)
LÖSUNG 60213	LÖSUNG 8907899	LÖSUNG 3125075	LÖSUNG 1346121
LÖSUNG 1011814	LÖSUNG 9311810	LÖSUNG 181986	LÖSUNG 23882
LÖSUNG 715	LÖSUNG 36711	LÖSUNG 4587	LÖSUNG 132723

Gurken-Spiel 15337 + 89263 M5-1.9.1	Gurken-Spiel 17 + 275033 M5-1.9.1	Gurken-Spiel 983610 + 8359256 M5-1.9.1	Gurken-Spiel 63825 + 1793563 M5-1.9.1
Gurken-Spiel **... und vergurkt!** Zwei Karten zurück!	Gurken-Spiel **... und vergurkt!** Zwei Karten zurück!	Gurken-Spiel **... und vergurkt!** Zwei Karten zurück!	Gurken-Spiel **... und vergurkt!** Zwei Karten zurück!
Gurken-Spiel 589094 : 26777 M5-1.9.1	Gurken-Spiel 514480 : 80 M5-1.9.1	Gurken-Spiel 3617012 : 7 M5-1.9.1	Gurken-Spiel 160248 : 12 M5-1.9.1
Gurken-Spiel **... und vergurkt!** Zwei Karten zurück!	Gurken-Spiel **... und vergurkt!** Zwei Karten zurück!	Gurken-Spiel **... und vergurkt!** Zwei Karten zurück!	Gurken-Spiel **... und vergurkt!** Zwei Karten zurück!

LÖSUNG 6364	LÖSUNG 104600	LÖSUNG 36457	LÖSUNG 22
LÖSUNG 946532	LÖSUNG 275050	LÖSUNG 905864	LÖSUNG 6431
LÖSUNG 11358354	LÖSUNG 9342866	LÖSUNG 28640	LÖSUNG 516716
LÖSUNG 99	LÖSUNG 1857388	LÖSUNG 826453	LÖSUNG 13354

9.2 Flitzezahl

Spieldauer	Einzel/Gruppe	Lautstärke	Lerneffizienz	Beliebtheit
10 - 20 Min	■	💣💣💣	💡	☺☺

Spielbeschreibung

An der Tafel werden von rechts nach links Felder ausgewiesen, die für die Einerposition, die Zehnerposition, die Hunderterposition usw. stehen. Dann wird die Klasse in zwei bis vier Mannschaften eingeteilt; dabei ist darauf zu achten, daß Schüler mit vorderen oder hinteren Sitzplätzen in allen Gruppen etwa gleichmäßig vertreten sind. Schließlich erhält jeder Schüler vom Lehrer eine Karte, auf der eine Ziffer steht.

Der Lehrer stellt der Klasse nun Rechenaufgaben, die die Schüler im Kopf - oder nach Vereinbarung auch schriftlich - ausrechnen sollen. Sobald ein Schüler zu dem Ergebnis gelangt, daß die Ziffer auf seiner Karte als Ziffer in der Lösung vorkommt, kann er zur Tafel rennen und die Karte verdeckt auf die dafür vorgesehene (Einer-, Hunderter- ...)Position halten; das betreffende Feld ist danach für andere Schüler gesperrt.

Sind alle Felder belegt, werden die verdeckten Karten gleichzeitig für jeden sichtbar umgedreht. Die Mannschaften erhalten nun für jeden ihrer Spieler, der seine Karte an einer richtigen Stelle plaziert hat, einen Punkt, während sie für einen Spieler, der sie an eine falsche Stelle gehalten hat oder mit einer falschen Karte vorgeeilt ist, einen Punkt verlieren.

Spielvariante

Die Schüler erhalten jeweils zwei oder drei Karten.

Tips für das Spiel

1. Um das Laufen auf Verdacht zu unterbinden, sollte man vereinbaren, daß ein Schüler, der zur Tafel rennt, um dann zu bemerken, daß seine Karte doch nicht richtig ist, einen Punkt verliert.
2. Um die Mannschaftszugehörigkeit transparenter zu gestalten, kann man die Karten für die Mannschaften in jeweils verschiedenen Farben herstellen.

Material

Pro Schüler eine, ggf. zwei oder drei Spielkarten. Die Häufigkeit der einzelnen Ziffern sollte gleich groß sein.

9.3 Gute Zeiten - schlechte Zeiten

Spieldauer	Einzel/Gruppe	Lautstärke	Lerneffizienz	Beliebtheit
20 - 30 Min	**2 - 4**	💣	💡💡	☺

Spielbeschreibung

Bei diesem Spiel werden Karten verwendet, auf die unterschiedliche, 6-stellige Zahlen geschrieben sind. Jeder Spieler erhält 8 Zahlen-Karten und 8 Joker-Karten.

Das Spiel wird nach den üblichen Kartenspielregeln gespielt: Die Karten werden reihum ausgespielt und die Karte mit dem höchsten Wert gewinnt den Stich.

Auf den Joker-Karten ist vermerkt, auf welche Stelle eine ausgespielte Zahl zu runden ist. Diese Joker können entweder zur Steigerung des eigenen oder zur Schwächung des gegnerischen Wertes ausgespielt werden; welche Bedeutung der Joker jeweils haben soll, muß der Spieler ansagen, wenn er ihn ausspielt.

Beispiel (bei zwei Spielern):

Spieler 1 spielt die Karte mit der Zahl 123526

Spieler 2 spielt die Karte mit der Zahl 123597 (Spieler 2 würde jetzt den Stich gewinnen)

Spieler 1 spielt zur Hebung seines Kartenwertes die Joker-Karte „Runden auf Tausender“:

Der Wert von Spieler 1 erhöht sich auf 124000 (Spieler 1 würde den Stich gewinnen)

Spieler 2 spielt zum Nachteil des Gegners die Joker-Karte „Runden auf Zehntausender“:

Der Wert von Spieler 1 vermindert sich auf 120000 (Spieler 2 gewinnt den Stich)

Gewonnen hat der Spieler, der am Schluß die meisten Stiche gesammelt hat.

Spielvariante

Bei zwei Spielern erhält der Spieler, der den Stich nicht für sich entscheiden kann, die Joker-Karten.

Bei drei oder mehr Spielern wird folgendermaßen vorgegangen: Beim Austeilen der Karten zu Beginn des Spieles werden nicht alle Joker-Karten an die Spieler ausgegeben, vielmehr einige verdeckt auf einen Stapel gelegt. Nach jedem Stich können nun die Spieler, die den Stich nicht für sich entscheiden konnten, eine Karte vom Stapel ziehen. Durch diese Variante wird die Spielzeit verlängert.

Material

Pro Schüler 8 Zahlen-Karten und 8 Joker-Karten (Kopiervorlage S. 61 und 62).

Zahlen-Karte

123526

Spielesammlung M5-1.9.3

Zahlen-Karte

123597

Spielesammlung M5-1.9.3

Zahlen-Karte

124172

Spielesammlung M5-1.9.3

Zahlen-Karte

129616

Spielesammlung M5-1.9.3

Zahlen-Karte

122556

Spielesammlung M5-1.9.3

Zahlen-Karte

137381

Spielesammlung M5-1.9.3

Zahlen-Karte

138610

Spielesammlung M5-1.9.3

Zahlen-Karte

133756

Spielesammlung M5-1.9.3

Zahlen-Karte

149210

Spielesammlung M5-1.9.3

Zahlen-Karte

149228

Spielesammlung M5-1.9.3

Zahlen-Karte

218691

Spielesammlung M5-1.9.3

Zahlen-Karte

219432

Spielesammlung M5-1.9.3

Zahlen-Karte

352815

Spielesammlung M5-1.9.3

Zahlen-Karte

359226

Spielesammlung M5-1.9.3

Zahlen-Karte

482003

Spielesammlung M5-1.9.3

Zahlen-Karte

499201

Spielesammlung M5-1.9.3

Joker-Karte *Runden auf Zehner* Spielesammlung M5-1.9.3	**Joker-Karte** *Runden auf Hunderter* Spielesammlung M5-1.9.3	**Joker-Karte** *Runden auf Tausender* Spielesammlung M5-1.9.3	**Joker-Karte** *Runden auf Zehntausender* Spielesammlung M5-1.9.3
Joker-Karte *Runden auf Zehner* Spielesammlung M5-1.9.3	**Joker-Karte** *Runden auf Hunderter* Spielesammlung M5-1.9.3	**Joker-Karte** *Runden auf Tausender* Spielesammlung M5-1.9.3	**Joker-Karte** *Runden auf Hunderttausender* Spielesammlung M5-1.9.3
Joker-Karte *Runden auf Zehner* Spielesammlung M5-1.9.3	**Joker-Karte** *Runden auf Hunderter* Spielesammlung M5-1.9.3	**Joker-Karte** *Runden auf Zehntausender* Spielesammlung M5-1.9.3	**Joker-Karte** *Runden auf Hunderttausender* Spielesammlung M5-1.9.3
Spielesammlung M5-1.9.3	Spielesammlung M5-1.9.3	Spielesammlung M5-1.9.3	Spielesammlung M5-1.9.3

II Geometrie: Grunderfahrungen

1 Geometrische Grundobjekte in der Ebene

1.1 Das Nagelbrett (FA)

Spieldauer	Einzel/Gruppe	Lautstärke	Lerneffizienz	Beliebtheit
10 - 15 Min	■	💣	💡💡💡	☺☺☺

Herstellung des Nagelbretts

Das Nagelbrett ist trotz der aufwendigen Herstellung ein ideales Übungsgerät, mit dem die Schüler immer wieder geometrische Aufgabenstellungen sehr praktisch und in spielerischer Form lösen können.

Das Nagelbrett ist ein rechteckiges - meist quadratisches - Brett mit einer Kantenlänge von etwa 20 bis 40 cm . In das Brett sind in regelmäßigen Abständen Nägel eingeschlagen, die etwa 1 cm herausschauen.

Aufsicht des Nagelbrettes:

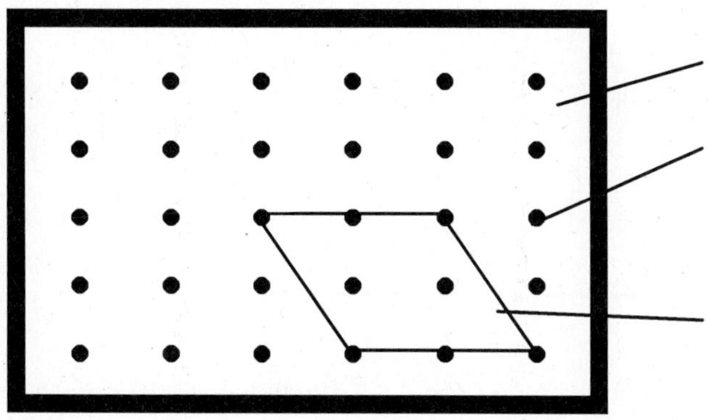

Spielbeschreibung

Der Lehrer kann den Schülern beispielsweise die Aufgabe erteilen, verschiedene geometrische Figuren mit Gummibändern abzustecken. Zur deutlichen Unterscheidung ist es hilfreich, wenn die Schüler verschiedenfarbige Gummibänder zur Verfügung haben.

Später kann das Nagelbrett dazu verwendet werden, achsen- und punktsymmetrische Figuren abzustecken. Eine weitere Anwendung des Nagelbretts eröffnet sich in Klasse 6, wenn man Anteile im Rahmen der Bruchrechnung mit dem Nagelbrett verdeutlichen kann.

Material

Pro Schüler: Ein Holzbrett (15 cm × 15 cm × 1 cm), 30 Nägel, 10 verschiedenfarbige Gummibänder.

2 Spiegeln an Gerade oder Punkt, Symmetrie

2.1 Das MDH-Spiel

Spieldauer	Einzel/Gruppe	Lautstärke	Lerneffizienz	Beliebtheit
10 - 20 Min	■	💣💣💣	💡	☺☺☺

Spielbeschreibung

Das Spiel orientiert sich am Fernsehquiz „Die Montagsmaler“.

Die Klasse wird in zwei Mannschaften eingeteilt. Ein Spieler der ersten Mannschaft zieht auf ein Startzeichen des Lehrers von einem Stapel ein Kärtchen, auf dem ein achsensymmetrischer Gegenstand benannt ist. Er muß nun mit einem Folienschreiber auf eine (karierte) Folie, auf der eine Spiegelungsgerade eingezeichnet ist, den Gegenstand skizzieren - allerdings nur eine Symmetriehälfte davon (MDH = Mal die Hälfte). So könnte man ein Flugzeug z.B. folgendermaßen darstellen:

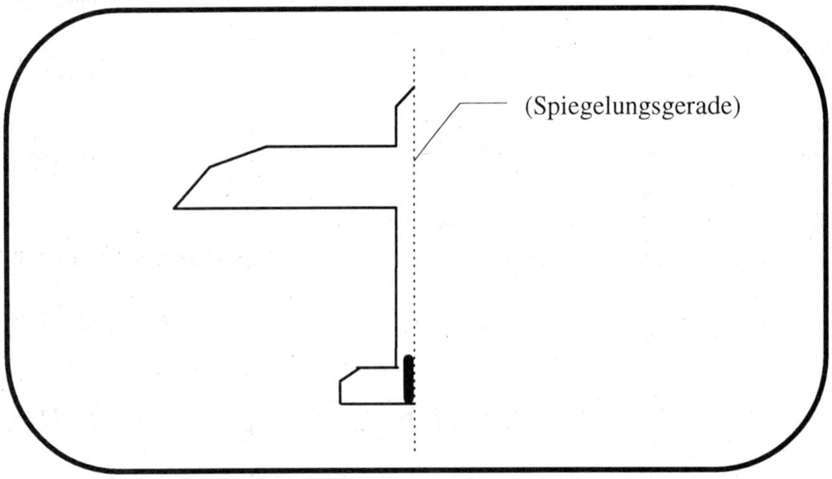

Die anderen Schüler derselben Mannschaft sollen raten, um welchen Gegenstand es sich handelt. Der Lehrer mißt die Zeit, die die Gruppe vom Startzeichen bis zum Erraten des Begriffs benötigt. Anschließend ist die andere Mannschaft am Zug. Sieger ist diejenige Gruppe, die für das Erraten der vorgegebenen Gegenstände die geringste Zeit benötigt hat.

Spielvariante

Die beginnende Gruppe versucht innerhalb einer festgelegten Zeit, so viele Gegenstände wie möglich darzustellen. Dabei wird jeder von einem anderen Spieler der Gruppe gezeichnet. Für jeden dargestellten und erratenen Gegenstand erhalten die Gruppen einen Punkt. Sieger ist diejenige Gruppe, die am Schluß die meisten Punkte sammeln konnte.

Material

Kärtchen mit der Bezeichnung von symmetrischen Gegenständen, karierte Folie mit Gerade.

Das MDH-Spiel **Flugzeug** M5-2.2.1	Das MDH-Spiel **Schmetterling** M5-2.2.1	Das MDH-Spiel **Gesicht** M5-2.2.1
Das MDH-Spiel **Ball** M5-2.2.1	Das MDH-Spiel **Auto** M5-2.2.1	Das MDH-Spiel **Flasche** M5-2.2.1
Das MDH-Spiel **Baum** M5-2.2.1	Das MDH-Spiel **Blatt** M5-2.2.1	Das MDH-Spiel **Schiff** M5-2.2.1
Das MDH-Spiel **Turm** M5-2.2.1	Das MDH-Spiel **Haus** M5-2.2.1	Das MDH-Spiel **Hemd** M5-2.2.1
Das MDH-Spiel **Hose** M5-2.2.1	Das MDH-Spiel **Straßenbahn** M5-2.2.1	Das MDH-Spiel **Brille** M5-2.2.1
Das MDH-Spiel **Sofa** M5-2.2.1	Das MDH-Spiel **Stuhl** M5-2.2.1	Das MDH-Spiel **Telefon** M5-2.2.1
Das MDH-Spiel **Banane** M5-2.2.1	Das MDH-Spiel **Blume** M5-2.2.1	Das MDH-Spiel **Faß** M5-2.2.1

2.2 Symmetrie-Karten (FA)

Spieldauer	Einzel/Gruppe	Lautstärke	Lerneffizienz	Beliebtheit
15 - 20 Min	**2**	💣	💡💡	☺

Spielbeschreibung

Die Schüler werden in Zweiergruppen eingeteilt. Anschließend erhalten die Gruppen zwei Sätze von Symmetriekarten, so daß beide Schüler die gleichen Karten haben.

Einer der Schüler legt nun aus seinen Karten eine beliebige Figur.

Beispiel:

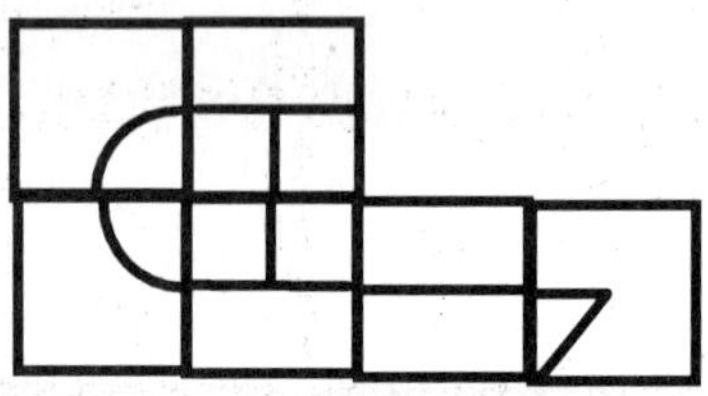

Der andere Schüler hat daraufhin die Aufgabe, mit seinen Karten die Figur so zu ergänzen, daß sie punktsymmetrisch (achsensymmetrisch) wird. Hierbei müssen nicht alle Karten benutzt werden. Gelingt ihm das in einer festgesetzten Zeit, erhält er einen Punkt. Anschließend werden die Rollen vertauscht.

Zwei Möglichkeiten bei dem oberen Beispiel:

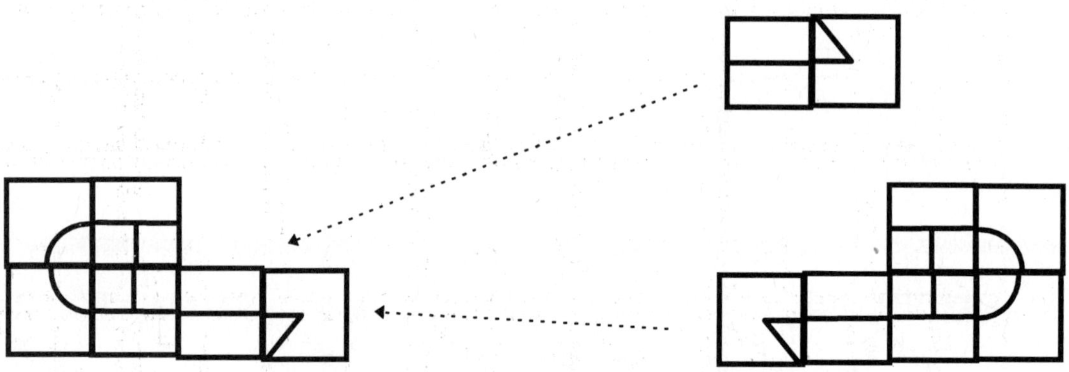

Es muß vorher vereinbart sein, ob der Spiegelpunkt (die Spiegelachse) vom ersten oder zweiten Spieler angegeben werden darf.

Tip für das Spiel

Die Schwierigkeit des Spiels läßt sich durch die Anzahl der zur Verwendung stehenden Karten durch den Lehrer regulieren.

Material: Symmetriekarten.

Symmetrie-Kärtchen zum Ausschneiden:

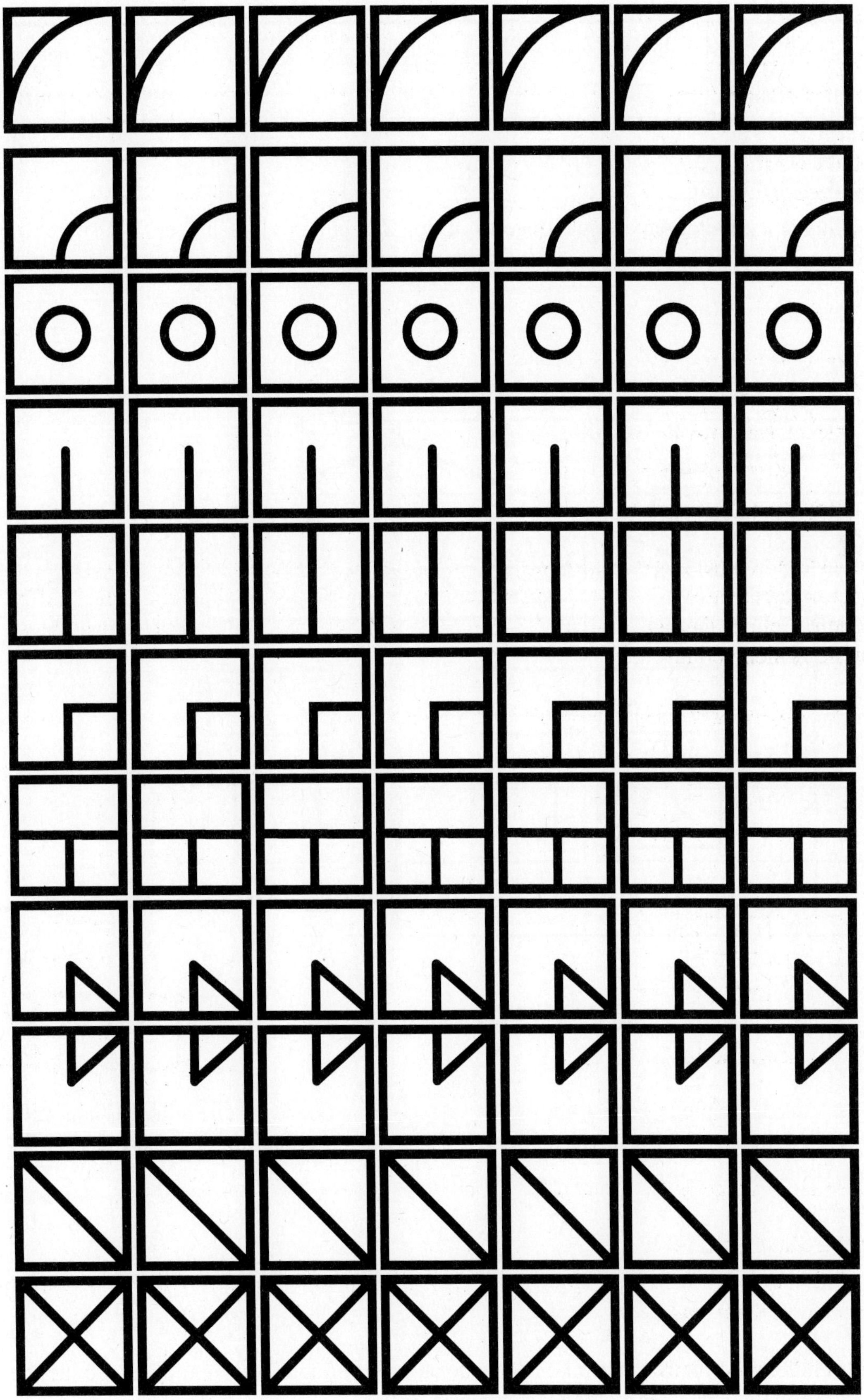

2.3 Das Spiegelhaus von Onkel Otto (FA)

Spieldauer	Einzel/Gruppe	Lautstärke	Lerneffizienz	Beliebtheit
15 - 20 Min	••••	💣	💡	☺☺

Spielbeschreibung

Die Schüler erhalten einen Spielbogen mit der Zeichnung eines halben Hauses und 35 Spielplättchen. Mit diesen sollen sie die Zeichnung so ergänzen, daß ein symmetrischen Haus entsteht.

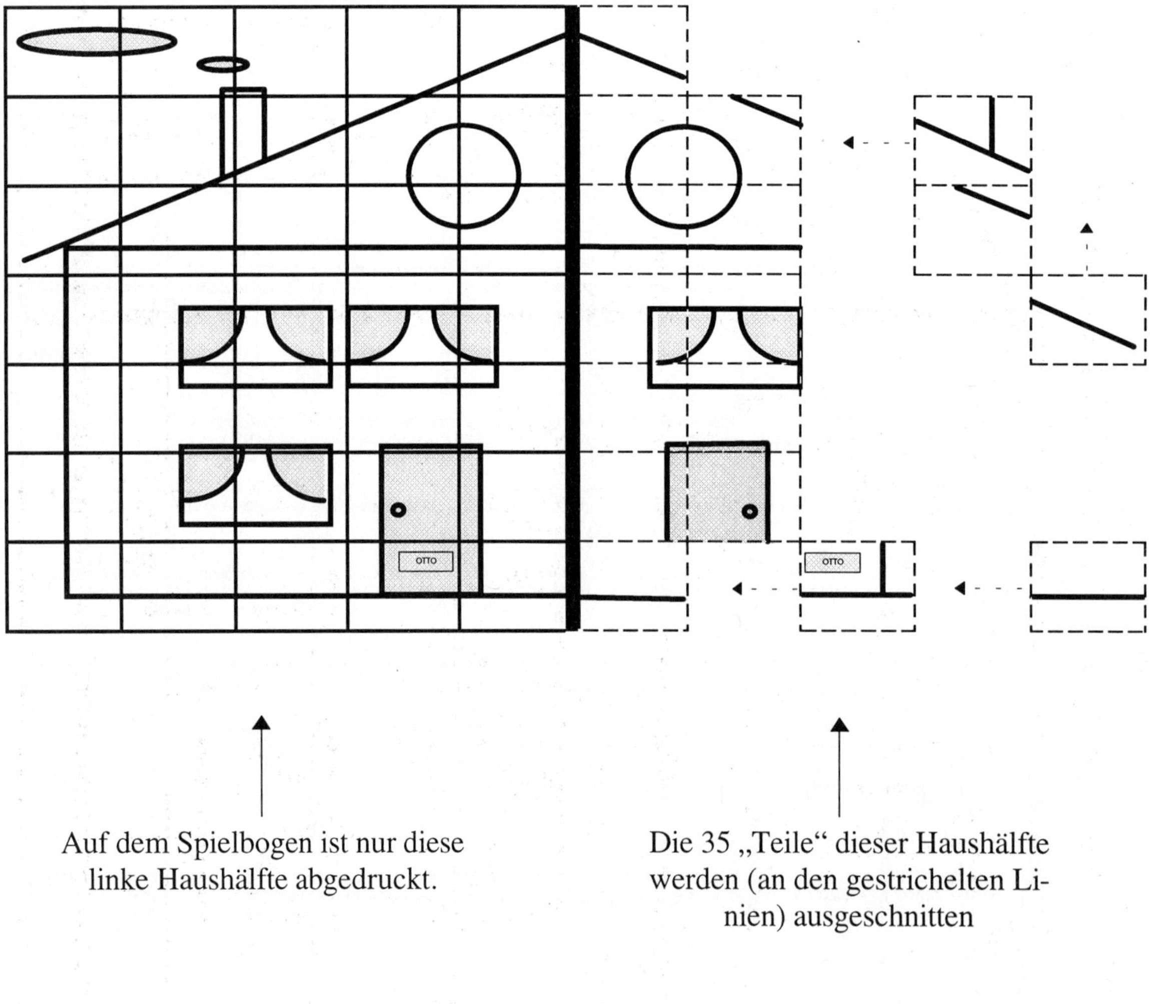

Auf dem Spielbogen ist nur diese linke Haushälfte abgedruckt.

Die 35 „Teile“ dieser Haushälfte werden (an den gestrichelten Linien) ausgeschnitten

Material

Pro Schüler ein Spielbogen (linke Hälfte der Kopiervorlage S.69) und 35 Spielplättchen (auszuschneiden aus der rechten Hälfte der S. 69).

Das Spiegelhaus von Onkel Otto

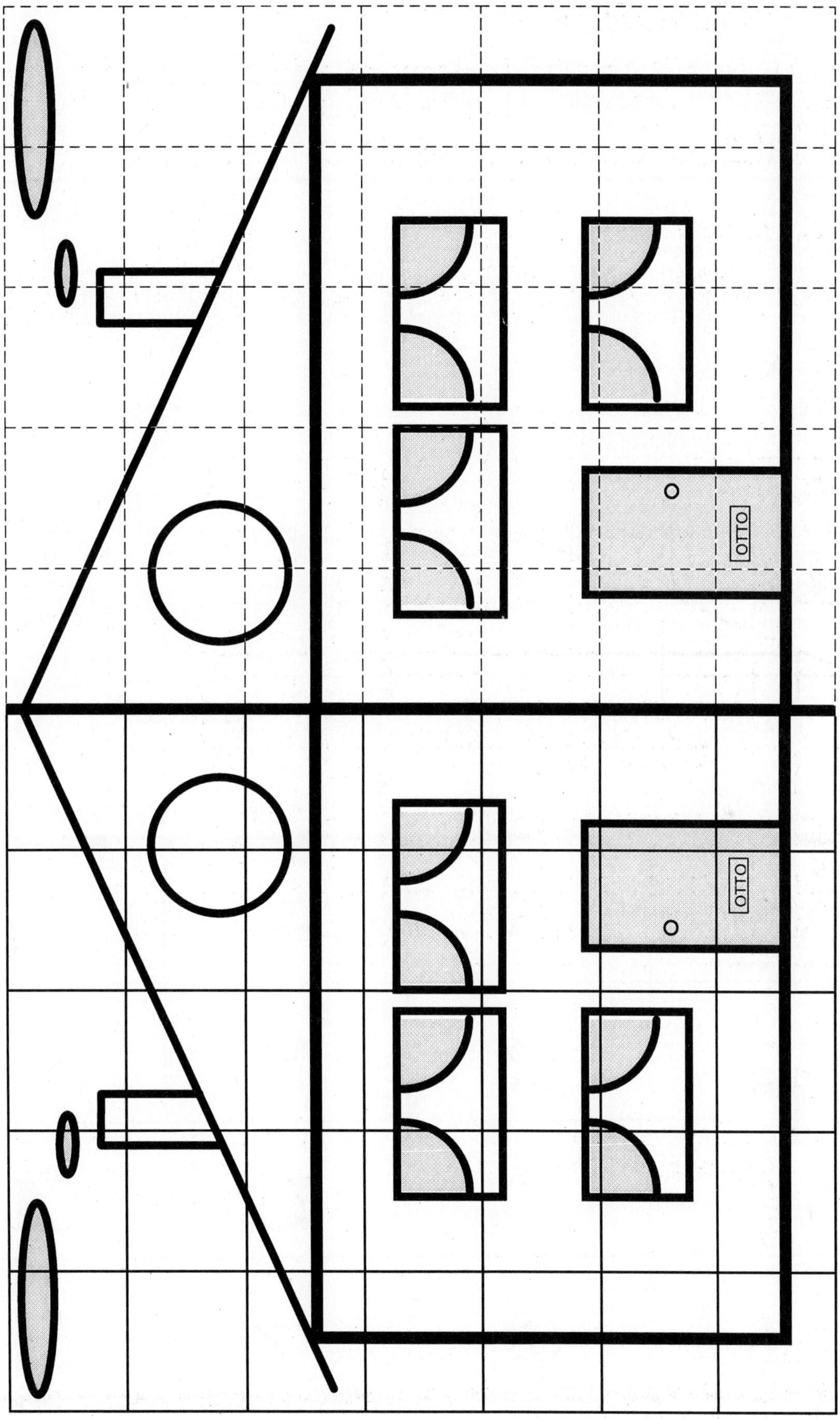

2.4 Symmetrie-Tafel (FA)

Spieldauer	Einzel/Gruppe	Lautstärke	Lerneffizienz	Beliebtheit
10 - 20 Min	••••	💣	💡💡	☺☺

Spielbeschreibung

Die Schüler erhalten Symmetrietafeln, auf denen sich achsen- und punktsymmetrische Figuren befinden. Aufgabe für sie ist es, die Spiegelachsen bzw. den Spiegelpunkt einzutragen.

Tip für das Spiel

Bei diesem Spiel sollen die Schüler u.a. wiederholen, daß es Figuren gibt, die sowohl achsen- als auch punktsymmetrisch sind.

Lösung

Seite 71: 28 punktsymmetrische Figuren, 58 achsensymmetrische Figuren

Material

Kopiervorlage für Figuren.

Die Symmetrie-Tafel • Die Symmetrie-Tafel

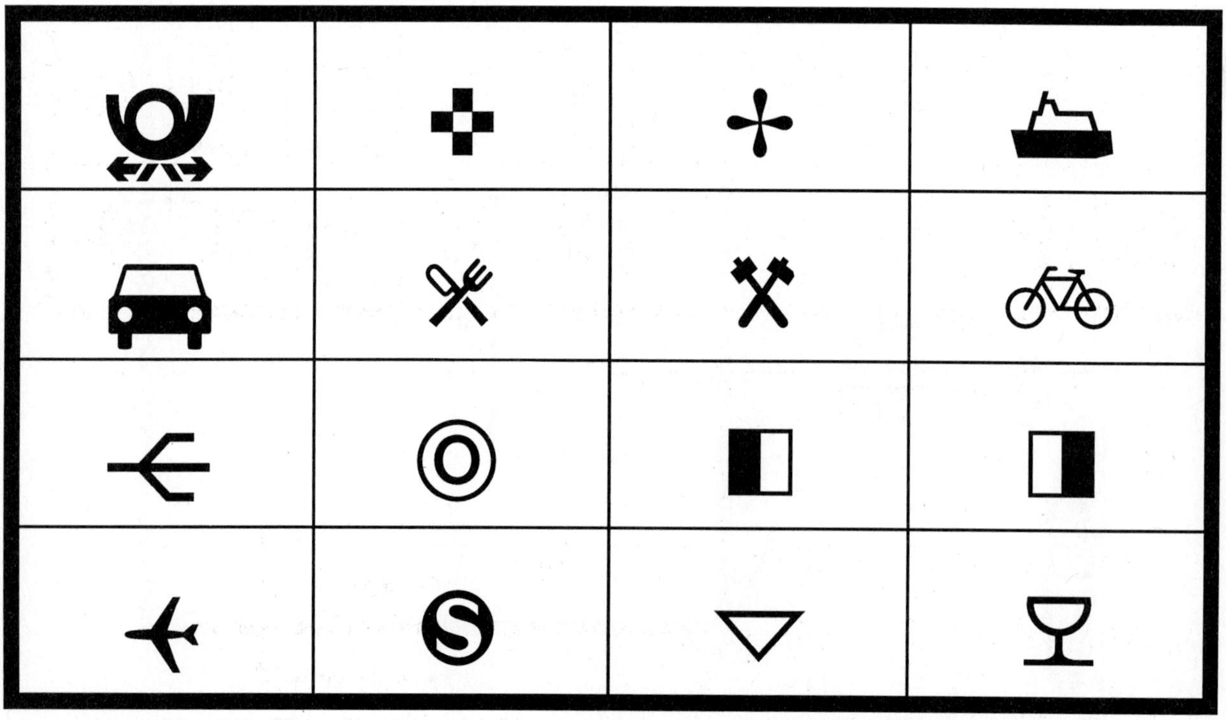

Die Symmetrie-Tafel • Die Symmetrie-Tafel

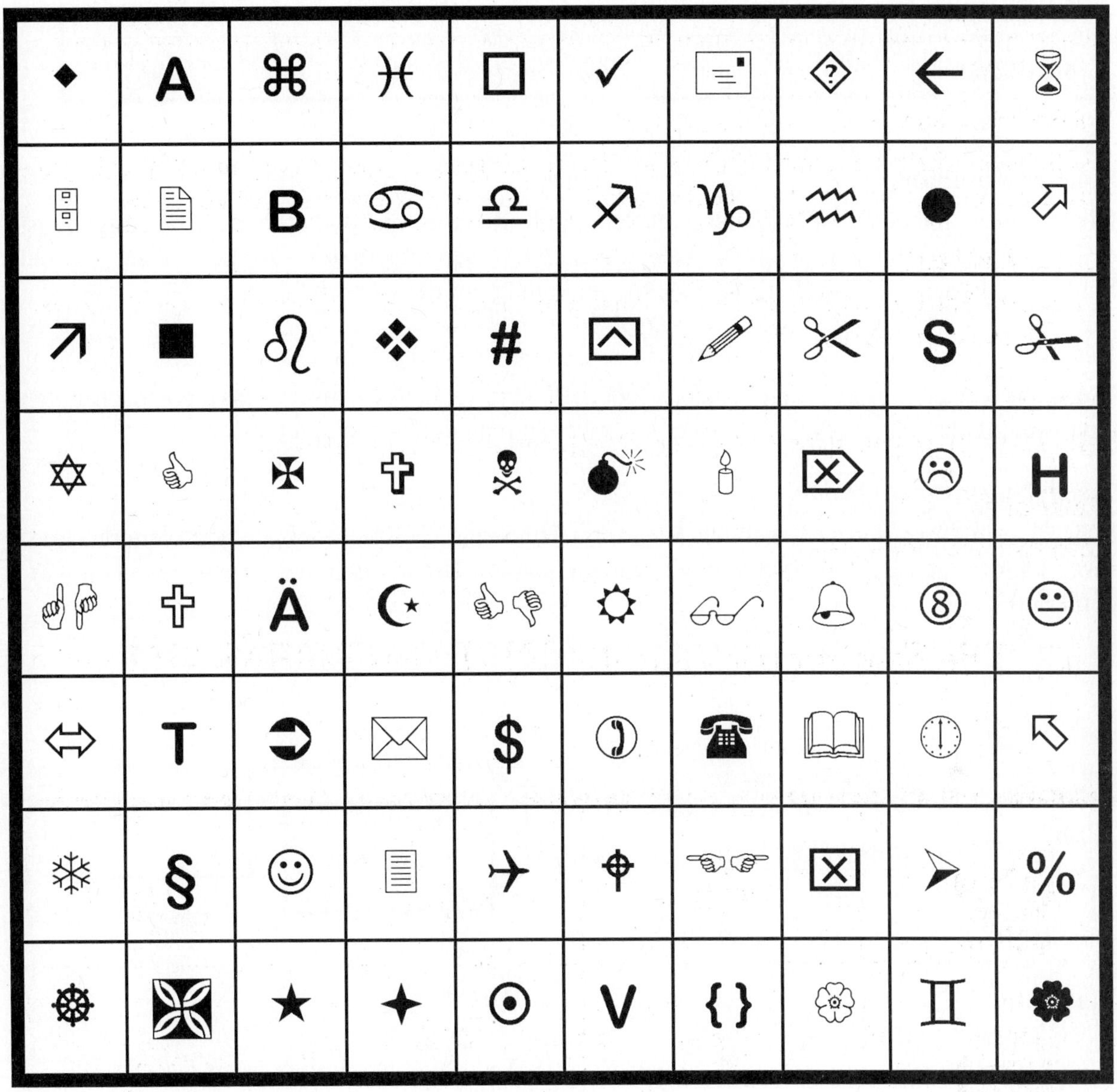

Anzahl der punktsymmetrischen Figuren:

Anzahl der achsensymmetrischen Figuren:

3 Parallelität, Orthogonalität, Abstände

3.1 Die Insel „El Grande Largos“ (FA)

Spieldauer	Einzel/Gruppe	Lautstärke	Lerneffizienz	Beliebtheit
5 - 10 Min	••••	💣	💡💡	☺☺☺

Spielbeschreibung

Die Schüler erhalten ein Arbeitsblatt, auf dem die Karte einer Insel zu erkennen ist. Aufgabe ist es für sie, von dem angegebenen Ausgangspunkt (unten links) den Ort zu finden, wo ein Schatz vergraben ist. Hierzu erhalten sie die Anleitung auf dem Arbeitsblatt.

Lösung

Wenn die jeweils mittleren Wellenzüge (oberhalb und rechts der Insel) senkrecht nach unten bzw. waagrecht nach links verfolgt werden, erreicht man den gesuchten Ort.

Zusatzfragen

Falls man in einen der zu gehenden Wege ein Hindernis (beispielsweise einen weiteren See) setzt, kann gemeinsam überlegt werden, wie ein solches Hindernis in der Praxis umgehen werden könnte.

Beispiel:

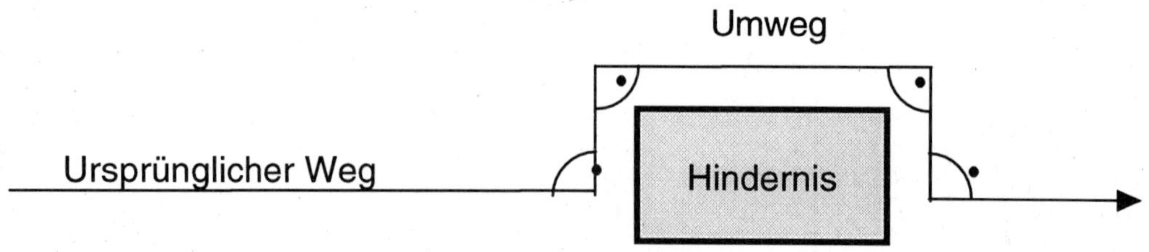

Material

Pro Schüler ein Arbeitsblatt.

Die Insel „El Grande Largos"

Tja, liebe Freunde der Schatzsucherkunst, hier habt ihr die Karte der unter Seeräubern so berüchtigten Insel „El Grande Largos", auf der ein sagenumwobener Schatz versteckt sein soll. Aber wo? Um ihn zu finden, müßt ihr euch an folgende Anweisungen halten:

Geht vom Ausgangspunkt in Richtung Totenkreuz; zieht hierzu eine Gerade, die durch die beiden Punkte • geht. Orthogonal zu diesem ersten Weg müßt ihr eine zweite Gerade zeichnen, die genau durch die Spitze der „Hügel des Südens" verläuft. Wenn ihr diese Gerade Richtung Norden verfolgt, müßtet ihr irgendwann auf einen See stoßen. Am Seeufer angelangt geht es im rechten Winkel nach rechts, bis ihr auf den zweiten See stoßt. Von dort geht ihr auf dem direkten Wege in Richtung der Spitze des Nordhügels. Sobald ihr auf diesem Weg den Punkt erreicht, der den geringsten Abstand zur gefährlichen Haifischbucht hat, müßt ihr einen neuen Weg auf einer Geraden einschlagen. Dieser soll parallel zu dem Weg liegen, den ihr zwischen den beiden Seen gegangen seid. Den Weg geht ihr in südöstlicher Richtung, bis ihr den Punkt auf dem Weg erreicht, der den geringsten Abstand zur einzigen Inselpalme besitzt. Einen Weg, dessen Länge diesem Abstand entspricht, müßt ihr dann auch gehen, aber nicht in Richtung Inselpalme, sondern genau in der entgegengesetzten Richtung. Dort werdet ihr den Schatz finden! Viel Glück!

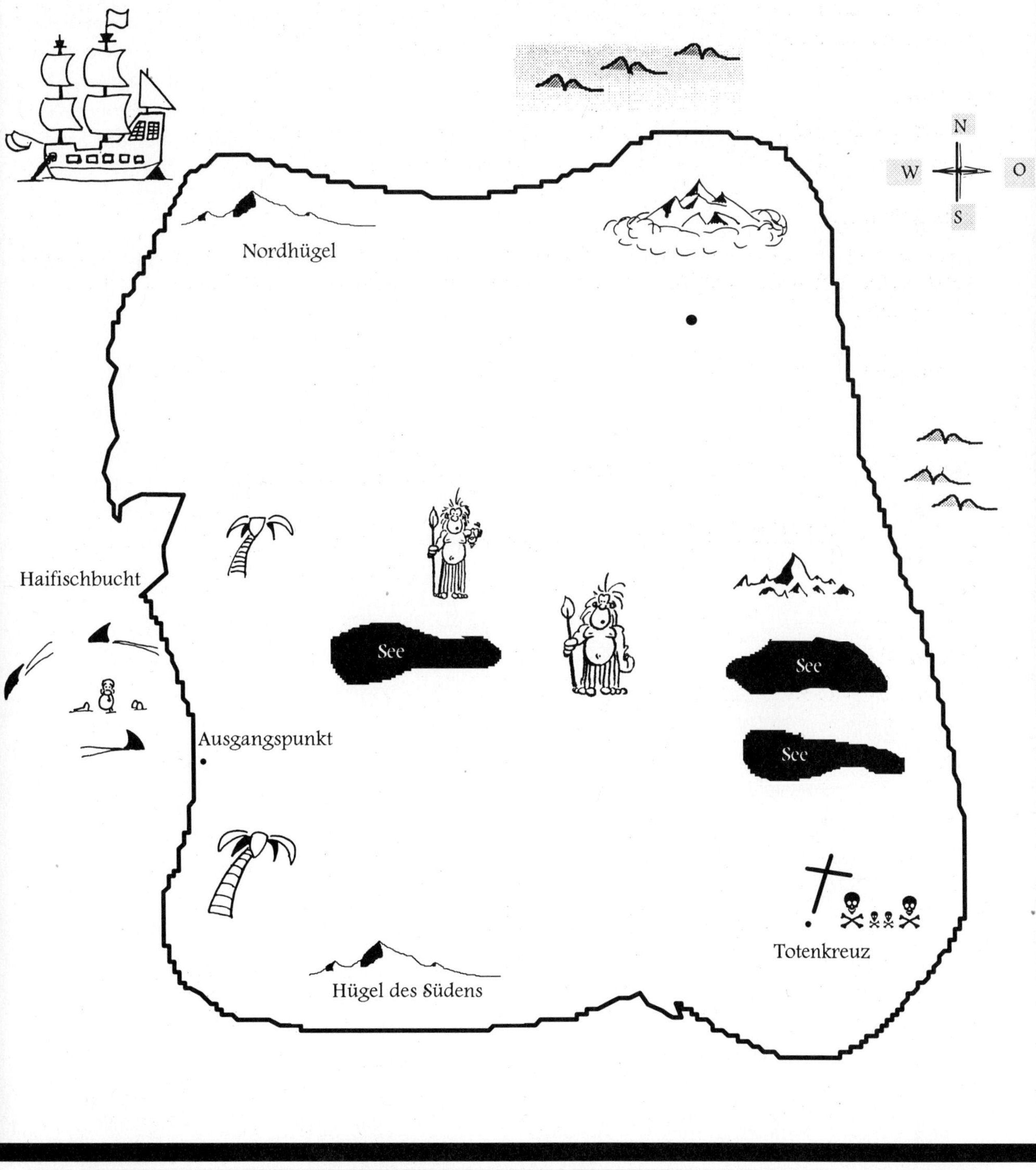

3.2 Das Orthonormal-Spiel

Spieldauer	Einzel/Gruppe	Lautstärke	Lerneffizienz	Beliebtheit
10 - 20 Min	■	💣💣	💡	☺

Spielbeschreibung

Der Lehrer zeigt auf dem Tageslichtprojektor eine Folie, auf der eine große Anzahl von Geraden zu erkennen ist. Damit sich die Geraden unterscheiden lassen, sind sie mit Zahlen gekennzeichnet.

Der Lehrer wählt nun eine der Geraden aus, worauf die Schüler in einer vorgegebenen Zeit versuchen sollen, durch Abschätzen möglichst viele Geraden zu finden, die zu der vorgegebenen Gerade parallel (alternativ: orthogonal) liegen. Für jede richtig gefundenen Gerade erhalten die Schüler einen Punkt; für jede falsch gewählte Gerade wird ihnen ein Punkt abgezogen. Dabei darf der Punktestand allerdings nie negativ werden. Sieger ist der Schüler, der am Schluß die meisten Punkte sammeln konnte.

Spielvariante

Die Schüler erhalten die Folie zusätzlich als Arbeitsblatt. So können sie die parallelen (orthogonalen) Geraden mit dem Geodreieck selbst bestimmen.

Zusatzfragen

Ist es notwendig, daß man die Parallelität jeweils zur Ausgangsgerade nachweist? Schüler werden so auf die Transitivität der Parallelität hingeführt. Wie sieht es bei der Orthogonalität aus?

Material

Folie und Arbeitsblätter (Kopiervorlage liegt bei).

Das Orthonormal-Spiel

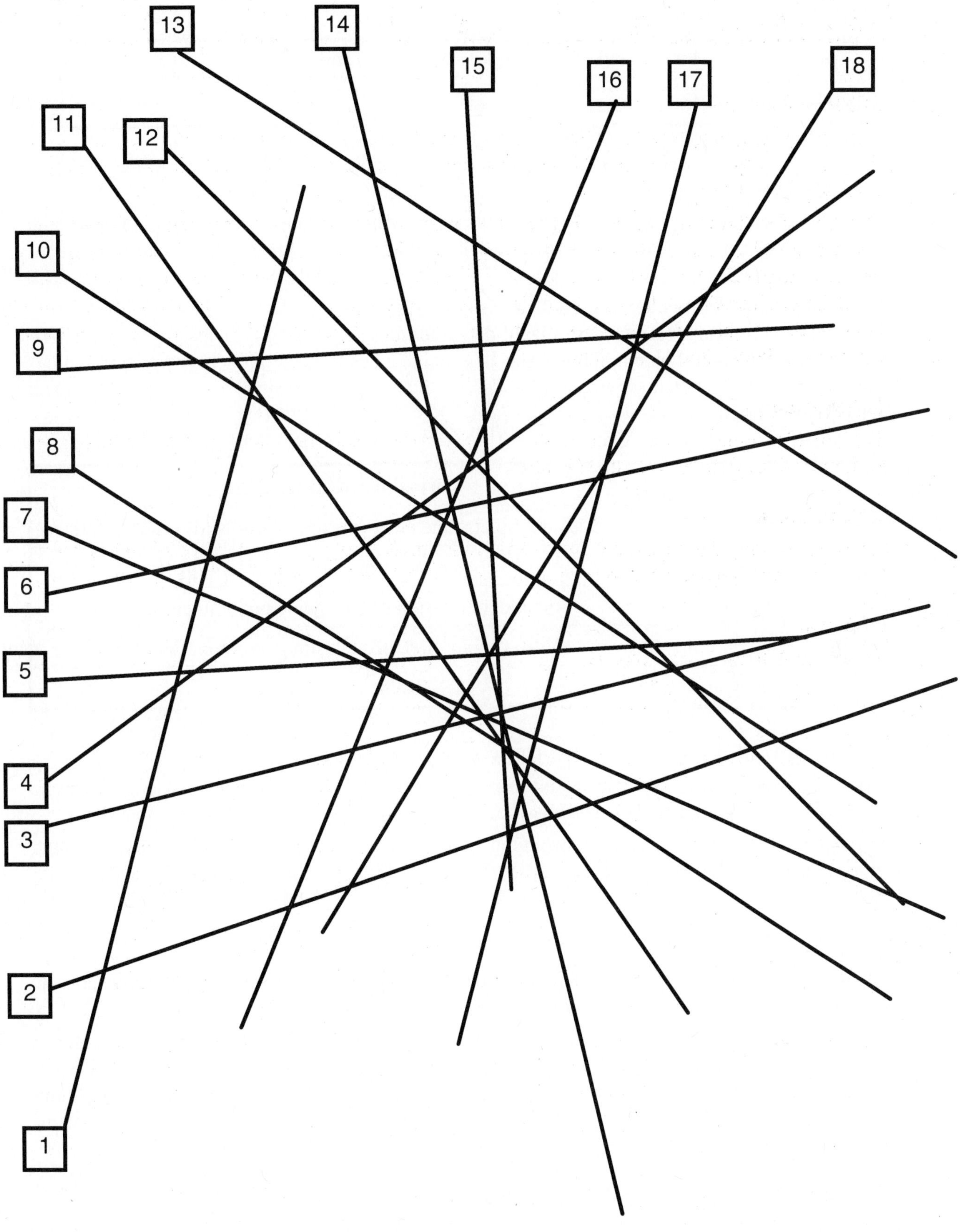

4 Rechteck, Quadrat, Parallelogramm, Dreieck

4.1 Die Bucht von Mathematika (FA)

Spieldauer	Einzel/Gruppe	Lautstärke	Lerneffizienz	Beliebtheit
20 - 30 Min	**2**	💣	💡💡	☺☺☺

Spielbeschreibung

Die Klasse wird in Zweiergruppen eingeteilt. Jede Gruppe erhält ein Spielfeld, auf dem eine Landkarte mit verschiedenen Ländern (Dreiecken, Rechtecken, Quadraten, Parallelogrammen) eingezeichnet ist.

Die Schüler können nun abwechselnd Spielsteine (Chips, Papierplättchen) ihrer Farbe auf die Eckpunkte der Länder setzen. Die Anzahl der Spielsteine wird dabei vor jedem Zug durch einen Würfel bestimmt. Hat ein Schüler alle Eckpunkte eines Landes mit seinen Spielsteinen besetzt, gilt es als besiedelt. Besiedelte Ländereien bieten ihrem Besitzer bei jedem Zug unterschiedliche Vorteile:

Besiedeltes Land	Vorteil für den Besitzer
Pro Quadrat	Es dürfen 2 Spielsteine mehr (als die Würfelzahl) gesetzt werden
Pro Rechteck	Es darf 1 Spielstein mehr (als die Würfelzahl) gesetzt werden
Pro Raute	Vom Gegner dürfen 2 Spielsteine genommen werden
Pro Parallelogramm	Vom Gegner darf 1 Spielstein genommen werden
Dreieck	Keine Auswirkung

Ein Spieler muß also anhand der Würfelzahl und der Anzahl seiner besiedelten Ländereien bei jedem Zug ermitteln, wie viele eigene Spielsteine er neu setzen und wie viele gegnerische Spielsteine er wegnehmen darf. Die besiedelten Länder werden immer vor dem Zug gezählt.

Das Spiel ist zu Ende, wenn keine weiteren Länder mehr besiedelt werden können oder wenn eine vorher festgelegte Zeit verstrichen ist. Sieger ist derjenige, der die meisten Länder besiedeln konnte.

Tip für das Spiel

1. Damit die Spielsteine nicht zu dicht aneinander stehen, sollte man die Vorlage auf ein Spielblatt der Größe DIN A3 kopieren.
2. Für das Spiel benötigt man eine große Anzahl von Spielsteinen. Farbige Papierplättchen haben hier den Nachteil, daß sie leicht (z.B. durch einen Luftzug) wegfliegen. Als Hilfe haben sich hier Spielsteine aus handelsüblichen Spielen oder Chips, die sich aus Spielgeldmünzen leicht herstellen lassen, erwiesen. Letzere kann man in vielen Banken und Sparkassen als Klassensatz kostenfrei erhalten.

Material: Pro Gruppe ein Spielplan, Spielsteine (oder Chips) in zwei Farben.

Die Bucht von Mathematika

Quadrat	2 Spielsteine mehr setzen
Rechteck	1 Spielstein mehr setzen
Raute	2 Spielsteine wegnehmen
Parallelogramm	1 Spielstein wegnehmen
Dreieck	Keine Auswirkung

4.2 Rechtecksmühle (FA)

Spieldauer	Einzel/Gruppe	Lautstärke	Lerneffizienz	Beliebtheit
10 - 20 Min	**2**	💣	💡💡	☺☺

Spielbeschreibung

Die beiden Schüler jeder Gruppe markieren mit unterschiedlichen Farbstiften abwechselnd jeweils einen Gitterpunkt auf einem begrenzten karierten Blatt (z.B. 6×6). Ziel jedes Spielers ist es, möglichst viele Rechtecke durch Markierung der jeweiligen zugehörigen vier Eckpunkte in seiner Farbe für sich zu gewinnen. Auf die Größe der Rechtecke kommt es nicht an. Sie können sich auch ganz oder teilweise flächenmäßig überschneiden (und zwar selbst gegnerische Rechtecke). Ein von einem Spieler markierter Punkt kann allerdings von dem anderen nicht auch noch in Besitz genommen werden.

Sieger ist der Spieler, der (etwa nach einer vorgegebenen Anzahl von Markierungen oder innerhalb einer vorgegebenen Zeit) die meisten Rechtecke gewinnen konnte.

Beispiel:

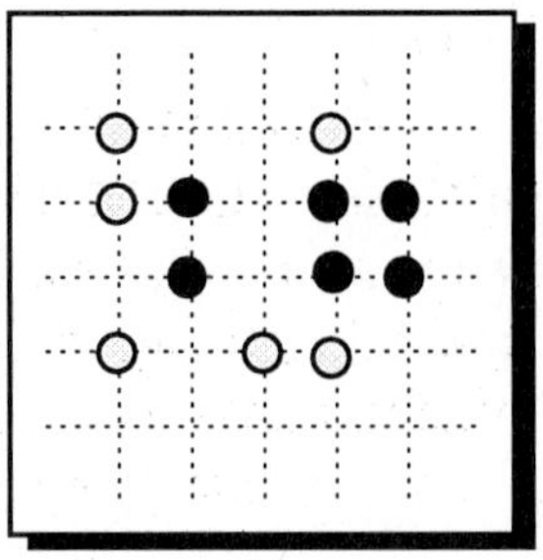

Spieler 1: ●
Spieler 2: ○
=> Spieler 1 hat 3, Spieler 2 nur ein Rechteck gewonnen.

Spielvarianten:

1. Im Gegensatz zum Orginalspiel sollen die Schüler möglichst wenige Rechtecke bilden. Für jedes Rechteck erhält der Gegner einen Punkt.
2. Die Punktzahl, die die Schüler für die Rechtecke erhalten, entspricht der Flächengröße (dem Umfang) der Rechtecke.
3. Statt der Rechtecke (oder zusätzlich) sollen die Schüler Quadrate (Parallelogramme) bilden.

Material

Nicht erforderlich.

5 Quadratisches Gitter, Kreisfiguren, Abstände

5.1 Das Fledermaus-Spiel (FA)

Spieldauer	Einzel/Gruppe	Lautstärke	Lerneffizienz	Beliebtheit
15 - 25 Min	**2**			☺☺

Spielbeschreibung

Die Klasse wird in Zweiergruppen eingeteilt. Jeder Spieler benötigt für das Spiel mindestens zwei karierte Blätter (z.B. DIN A 5), auf denen jeweils ein quadratisches Gitter mit vorgegebener Größe (z.B. 15×15) eingezeichnet ist.

Jeder Schüler zeichnet nun verdeckt in eines seiner quadratischen Gitter einen Startpunkt (S_1), einen Zielpunkt (Z) und eine festgelegte Anzahl von Barriere-Punkte (B). (Beim ersten Spiel sollte man sich hier mit einer oder zwei Barrieren begnügen.)

Anschließend gibt Spieler 1 seinem Kontrahenten die Koordinaten des Start- und des Zielpunktes an, die dieser in sein noch freies quadratisches Gitter einträgt. Spieler 2 muß nun versuchen, einen Weg vom Start- zum Zielpunkt zu finden. Hierbei geht er folgendermaßen vor:

Spieler 2 fragt seinen Mitspieler, wie groß der Abstand zwischen dem Startpunkt und dem nächsten Barriere-Punkt ist. Diese Entfernung stellt daraufhin den Radius eines Kreises dar, den Schüler 2 mit einem Zirkel um den Startpunkt zeichnet. Er weiß damit, daß sich in der Schnittmenge der Kreisscheibe und des Spielfeldes keine Barriere-Punkte befinden können. Anschließend kann er sich in dieser Schnittmenge einen neuen Ausgangspunkt S_2 aussuchen. Er teilt dessen Koordinaten dem Spieler 1 mit und fragt ihn, wie groß der Abstand zwischen S_2 und dem nächsten Barriere-Punkt ist. Entsprechend schlägt er einen zweiten Kreis und wählt in gleicher Weise wie oben einen weiteren Ausgangspunkt S_3.

Beispiel:

Feld von Spieler 1

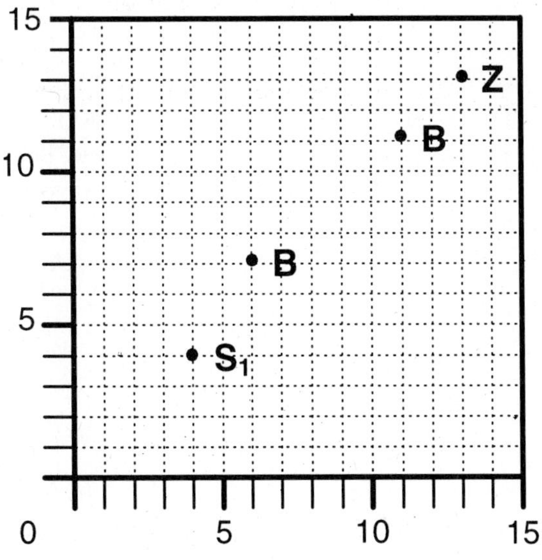

Feld von Spieler 2

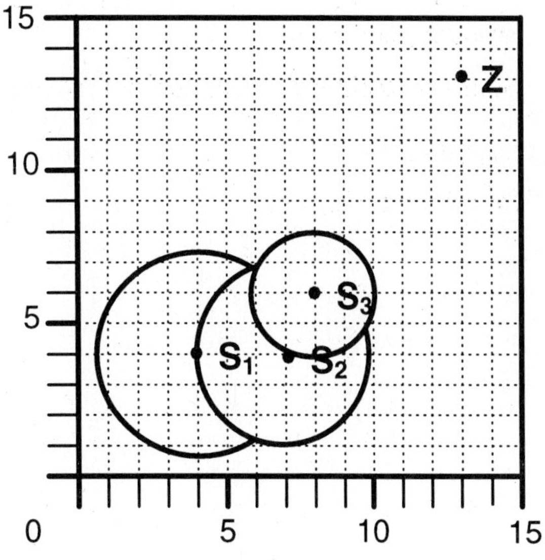

Dieses Verfahren wird solange fortgesetzt, bis Spieler 2 einen Kreis schlagen kann, in dem der Zielpunkt liegt. Danach werden die Rollen vertauscht und Spieler 1 muß versuchen, den Zielpunkt von Spieler 2 zu erreichen.

Sieger ist derjenige Spieler, der für das Auffinden des Zielpunktes die geringste Anzahl von Zügen benötigt.

Tips für das Spiel

1. Zum bessern Verständnis sollte man das Spiel zu Beginn auf einer Folie auf dem Tageslichtprojektor durchspielen.
2. Man kann das Spiel dadurch erschweren, daß man die Anzahl der Barriere-Punkte schrittweise erhöht.

Material: Kariertes Papier, Zirkel.

5.2 Katz und Maus (FA)

Spieldauer	Einzel/Gruppe	Lautstärke	Lerneffizienz	Beliebtheit
10 - 20 Min	**3**	💣	💡	☺

Spielbeschreibung

Bei diesem Spiel spielen zwei Spieler (Katze und Maus) gegeneinander, während der dritte Spieler die Funktion des Spielleiters einnimmt. Ziel der Katze ist es, die Maus zu fangen, indem sie auf den gleichen Punkt in einem Koordinatensystem kommt, der von der Maus besetzt ist.

Das Spiel beginnt damit, daß der Spieler, der die Katze spielt, seine Spielfigur (die Katze) vom Spielleiter auf ein von ihm frei gewähltes Feld eines Koordinatensystems setzen läßt, wozu er dem Spielleiter die Ziel-Koordinaten des gewählten Bestimmungsortes angibt. Hat die Katze Posten bezogen, wird die Spielfigur des Mitspielers (die Maus) in gleicher Weise gesetzt.

Nun ziehen die Spieler abwechselnd. Dazu geben sie dem Spielleiter ihre Zielkoordinaten an. Jeder Zug gestattet höchstens drei Schritte (jeweils waagerecht oder senkrecht nach Wahl). Schafft es die Katze, die Maus in einer festgelegten Anzahl von Zügen zu fangen, hat sie gewonnen, andernfalls die Maus.

Spielvariante

Da es in der Regel für die Katze ziemlich schwer ist, die Maus zu fangen, kann man vereinbaren, daß die Katze im Gegensatz zur Maus 4 Züge ziehen darf oder daß sogar zwei Katzen versuchen, die Maus zu fangen. Darüber hinaus kann der Lehrer den Schwierigkeitsgrad des Spiels durch Veränderung der Größe des Koordinatensystems oder durch das Sperren von Teilbereichen (Einbau von Hindernissen oder Engstellen) steuern.

Material

Pro Gruppe zwei (drei) Spielfiguren.

5.3 Wo ist der Punkt?

Spieldauer	Einzel/Gruppe	Lautstärke	Lerneffizienz	Beliebtheit
15 - 25 Min	■	💣💣💣	💡	☺☺

Spielbeschreibung

Jeder Schüler stellt für sich ein quadratisches Gitter mit Achsenkreuz her.

Anschließend wird die Klasse in zwei Gruppen (A und B) aufgeteilt. Alle Spieler der Gruppe A zeichnen mit einem Stift 5 Punkte beliebig in ihre quadratischen Gitter. Diese Gitter werden dann verdeckt auf einem Stapel gesammelt.

Gruppe B hat sich derweil auf eine feste Reihenfolge ihrer Mitglieder geeinigt. Der erste Schüler der Gruppe nimmt das erste quadratische Gitter vom Stapel und versucht möglichst schnell, dem zweiten Schüler, der das Gitter nicht sehen darf, die Punkte zu beschreiben. Dieser zeichnet sie auf dem quadratischen Gitter einer Folie ein. Die Schüler der Gruppe A kontrollieren, ob er die Punkte nach den Angaben richtig einträgt. Sobald er diese Aufgabe erfüllt hat, verfährt er wie zuvor der erste Schüler und beschreibt die Punkte des nächsten Gitters dem dritten Gruppenmitglied. Dieser Vorgang wird solange fortgesetzt, bis alle quadratischen Gitter bearbeitet sind. Dabei wird die benötigte Zeit gestoppt.

Im zweiten Durchgang werden die Rollen der beiden Gruppen vertauscht. Sieger ist die Mannschaft, die die geringere Zeit für das Übertragen der Punkte in Anspruch genommen hat.

Spielvariante

Statt einer festgelegten Anzahl von Karten (nämlich entsprechend der Zahl der Gruppenmitglieder) kann man auch eine bestimmte Zeit vorgeben. Sieger ist dann die Mannschaft, die in dieser Zeit die meisten quadratischen Gitter richtig beschrieben hat.

Material:

Ein quadratisches Gitter auf Folie, einen abwaschbaren Folienstift und pro Schüler ein kariertes Blatt.

6 Geometrische Grundobjekte im Raum

6.1 Quadel

Spieldauer	Einzel/Gruppe	Lautstärke	Lerneffizienz	Beliebtheit
10 - 15 Min	■	💣💣💣	💡💡	☺☺☺

Spielbeschreibung

Die Klasse wird in mindestens zwei Mannschaften (A und B) eingeteilt.

Auf einer Folie sind verschiedene Figuren abgebildet (s.S. 83), die zu Beginn des Spieles noch alle durch selbstklebende Papierstücke verdeckt sind.

Der Lehrer eröffnet das Spiel, indem er eine Figur auf der Folie aufdeckt. Die Schüler müssen nun versuchen, die Anzahl der Würfel, aus denen die Figur besteht, zu bestimmen. Sobald ein Schüler glaubt, die Anzahl richtig erkannt zu haben, meldet er sich, worauf die Abbildung sofort abgedeckt wird, so daß der Schüler nicht mehr die Möglichkeit hat, seine Lösung weiter zu überprüfen. Der Schüler muß nun sein Ergebnis nennen. Stimmt das Ergebnis, so erhält die Gruppe des Schülers einen Punkt. Ist seine Lösung hingegen falsch, wird der Gruppe ein Punkt abgezogen (dadurch vermeidet man „blindes Raten“).

Bemerkungen

1. Die Schüler erkennen bei dem Spiel, daß sie die Anzahl mit Zähltechniken schneller bestimmen können. Diese können in der Klasse besprochen werden.
2. In einer anschließenden Diskussion kann erörtert werden, bei welchen Körpern sich z.B. die Volumina oder die Oberflächen sehr einfach bestimmen lassen?

Lösungen

Figur ❶: 6 Würfel, Figur ❷: 14 Würfel, Figur ❸: 16 Würfel,
Figur ❹: 20 Würfel, Figur ❺: 35 Würfel, Figur ❻: 54 Würfel,
Figur ❼: 40 Würfel, Figur ❽: 53 Würfel, Figur ❾: 58 Würfel und
Figur ❿: 648 Würfel.

Material

Eine Kopiervorlage für Folie.

1
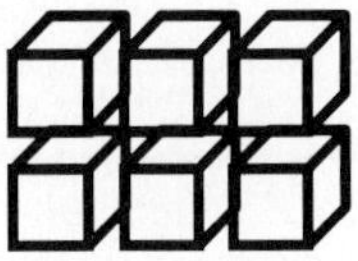

2
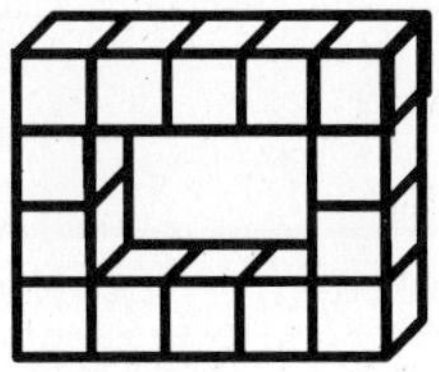

3
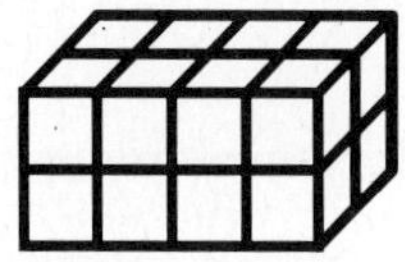

4

5
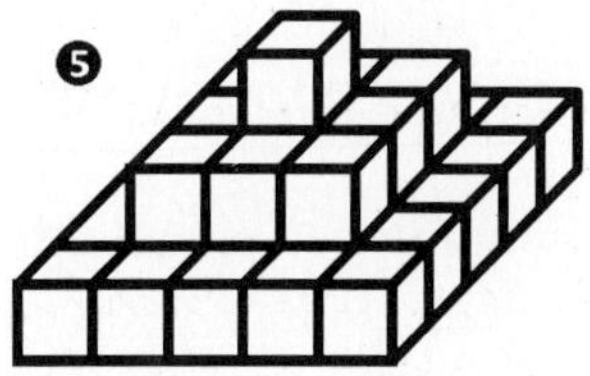

6
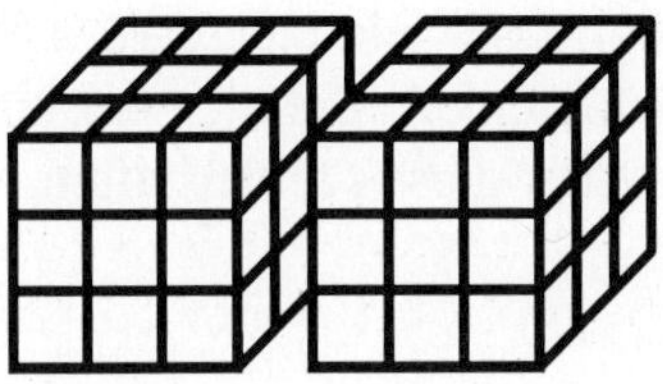

7

8

9
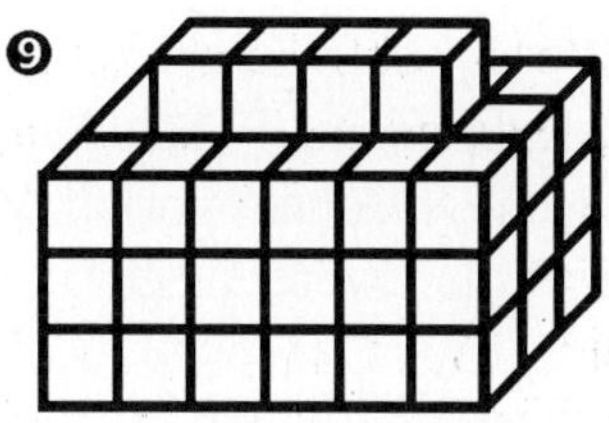

10
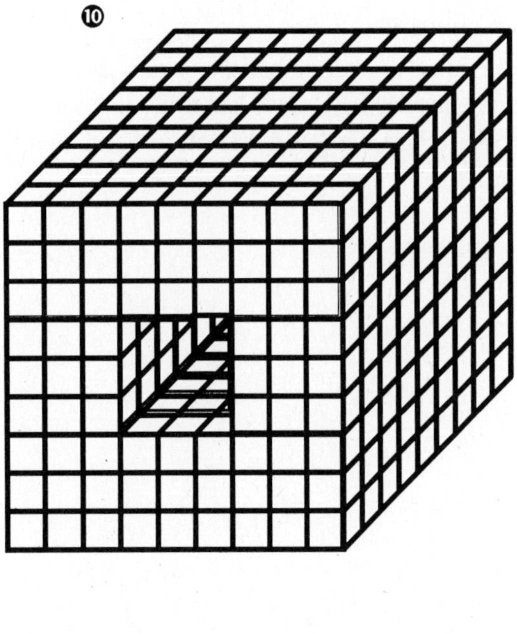

6.2 Vernetzt (FA)

Spieldauer	Einzel/Gruppe	Lautstärke	Lerneffizienz	Beliebtheit
20 - 30 Min	❖	💣💣	💡💡	☺

Spielbeschreibung

Die Klasse wird in Kleingruppen eingeteilt, die jeweils an einem Tisch sitzen, auf dem für jeden Spieler gut erkennbar verschiedene geometrische Flächen-Kärtchen verteilt liegen (s.S. 85).

Ziel des Spieles ist es, daraus möglichst viele Netze von geometrischen Körpern zu bilden. Hierzu würfeln die Schüler der Reihe nach mit einem Würfel. Die Augenzahl gibt die Anzahl der Flächen-Kärtchen an, die jeder Schüler an sich nehmen darf.

Nachdem die Schüler alle Flächen-Kärtchen in dieser Weise unter sich verteilt haben, sollen sie jeder für sich versuchen, aus ihren Flächen-Kärtchen möglichst viele Netze zu bilden. Für jedes richtige Netz erhalten die Schüler einen Punkt. Unterläuft einem Schüler bei einem Netz ein Fehler, erhält er hierfür keinen Punkt. Die Flächen-Kärtchen dieses fehlerhaften Netzes dürfen dann nicht mehr für ein anderes Netz verwendet werden.

Tip für das Spiel

Um in Zweifelsfällen zu überprüfen, ob ein Netz richtig oder falsch ist, bietet es sich an, den Schülergruppen Klebeband zur Verfügung zu stellen, so daß die geometrischen Körper einfach zusammengesetzt werden können.

Material

Pro Spielgruppe ein Würfel und ein Satz geometrischer Flächen aus Papier. Damit genügend geometrische Flächen vorhanden sind, sollte die beiliegende Vorlage pro Satz mindestens zweimal kopiert werden. Zusätzlich empfehlenswert: Klebeband.

Tip zur Materialherstellung

Die mit der Herstellung der geometrischen Flächen-Kärtchen verbundene (etwas aufwendige) Arbeit läßt sich erheblich mindern, wenn man den Schülern das Ausschneiden der Flächen (beispielsweise als Hausaufgabe) überträgt.

Im Hinblick auf die Haltbarkeit wäre es sicher besser, wenn die Vorlage auf feste Pappe kopiert wird. Allerdings besteht in diesem Fall der Nachteil, daß sich aus den Netzen aufgrund der fehlenden Biegsamkeit der Kärtchen die geometrischen Körper wie Zylinder und Kegel nur schwer legen lassen.

III Mathematik aus der Praxis: Größen

1 Geld, Längen, Massen und Zeitspannen

1.1 Das verrückte Haus der Größen (FA)

Spieldauer	Einzel/Gruppe	Lautstärke	Lerneffizienz	Beliebtheit
10 - 15 Min	••••	💣	💡💡💡	☺☺☺

Spielbeschreibung

Die Schüler erhalten jeweils ein Arbeitsblatt. Ziel der Übung ist es, den richtigen Weg von einer freigewählten Tür aus über die verschiedenen Räume des Hauses in eine der Dachwohnungen zu finden.

Hierzu müssen die Schüler zuerst die Aufgabe, die auf der gewählten Tür steht, berechnen.

<u>Beispiel</u>: Tür 1: *3kg - 1kg = 2 kg*

Das Ergebnis finden sie dann (in großer Schriftgröße) im Fenster eines der zahlreichen Räume. Ebendort steht unten eine weitere Aufgabe oder eine Größe, die lediglich umgewandelt werden muß (in unserem Beispiel: *550 Pf = 5,50 DM*), die in gleicher Weise zum nächsten Raum führt. So können die Schüler - Raum für Raum - bis in eine der Dachwohnungen gelangen.

Haben die Schüler richtig gerechnet, müßten sie von Tür 1 zu Dachwohnung 3 und von Tür 2 zu Dachwohnung 1 kommen.

Das verrückte Haus der Größen

	140 min 1. Dachwohnung	**920 kg** 2. Dachwohnung	**5 mm** 3. Dachwohnung	
2500 Pf *7000 kg - 1,5 t*	**370 dm** *1d + 48 h*	**3,5 h** *370 cm*	**3,5 t** *1 h + 80 min*	**0,1 km** *0.5 cm*
37 dm *1 t - 80 kg*	**92 h** *100 000 mm*	**825 cm** *350 dm + 2 m*	**5,5 t** *3 d + 20 h*	**3 d** *4500 kg - 1 t*
5,50 DM *2 t + 100 kg*	**1 km** *720 min*	**550 DM** *250 kg*	**3 h** *1650 m - 1 km*	**0,25 t** *0,9 t*
110 Pf *200 mg*	**2400 s** *1000 m*	**7 s** *55 000 Pf*	**2 km** *10 t - 1000 kg*	**0,5 h** *25 DM*
650 m *7 t + 3000 kg*	**0,75 g** *5 h - 120 min*	**48 h** *350 Pf + 2 DM*	**1 min 20 s** *1 DM + 10 Pf*	**2 kg** *550 Pf*
60 dm *80 s*	**9000 kg** *3 min*	**6 dm** *40 min*	**7200 s** *8,25 m*	**900 kg** *2000 mg*
5,20 DM *30 min*	**7,5 g** *20 000 kg + 1t*	**2 g** *600 mm*	**21 t** *10 s - 3 s*	**0,2 g** *2 h*
55,0 DM *2 000 000 mm*	**Tür 1** *3kg - 1kg*	**2,1 t** *750 mg*	**Tür 2** *5m + 1m*	**10 t** *320 Pf + 2 DM*

1.2 Im Land der Größen (FA)

Spieldauer	Einzel/Gruppe	Lautstärke	Lerneffizienz	Beliebtheit
20 - 30 Min	❖	💣	💡💡💡	☺☺☺

Spielbeschreibung

Die Klasse wird in Kleingruppen aufgeteilt, die jeweils einen Spielplan mit einer Landkarte erhalten. Auf der Karte sind einzelne mit Buchstaben bezeichnete Städte und deren Verbindungen in Form von Straßen und Schienen eingezeichnet. Außerdem sind die Entfernungen zwischen den Städten angegeben.

Zu Beginn des Spieles setzen die Spieler ihre Spielfiguren der Reihe nach jeweils auf eine beliebige Stadt, wobei Doppelbesetzungen ausgeschlossen sind.

Der erste Schüler begibt sich nun auf seine „Reise". Durch einmaliges Würfeln erfährt er, wie viele Städte er passieren darf. Ansonsten kann er sich für einen Weg frei entscheiden, sofern er pro Zug eine Stadt höchstens einmal passiert. Ein mehrfacher Wechsel zwischen zwei Städten innerhalb eines Zuges ist somit verboten. Ist einem Schüler der Weg durch Mitspieler versperrt, muß er seinen Weg entsprechend kürzer wählen (Die Gefahr, daß sich Schüler gegenseitig den Weg blockieren, wächst mit der Anzahl der Spieler).

Beispiel:

Ein Schüler steht mit seiner Spielfigur in Stadt A und würfelt eine 3. Unter anderem hätte er dann folgende Zugmöglichkeiten:

Von **A** über **B** und **C** nach **D** ⇨ Zuglänge: *80 km + 90 000 m + 80,5 km = 250 km* oder

Von **A** über **D** und **C** nach **B** ⇨ Zuglänge: *1 200 500 dm +80,5 km +90 000 m = 290,55 km*

(Selbstverständlich gibt es von der Ausgangsstadt **A** noch viele weitere „Reisemöglichkeiten".)

Die zurückgelegte Entfernung wird nach jedem Zug auf dem Fahrtenzettel festgehalten. Hier werden auch die Gesamtentfernungen eingetragen.

Gewonnen hat der Spieler, der nach einer vorher festgelegten Zeit die größte Entfernung zurückgelegt hat.

Spielvariante

Nach einer ersten Spielrunde zum Kennenlernen des Spiels kann man statt der Entfernungen oder neben ihnen auch die dafür benötigten Zeiten eintragen. Hier kann das Ziel lauten: So wenig Zeit wie möglich für die Reisen zu benötigen.

Material

Pro Kleingruppe ein Spielbogen (am besten auf DIN A3 kopiert, vergl. Kapitel 5 zur Herstellung von Spielbrettern), pro Schüler ein Arbeitsblatt.

Im Land der Größen

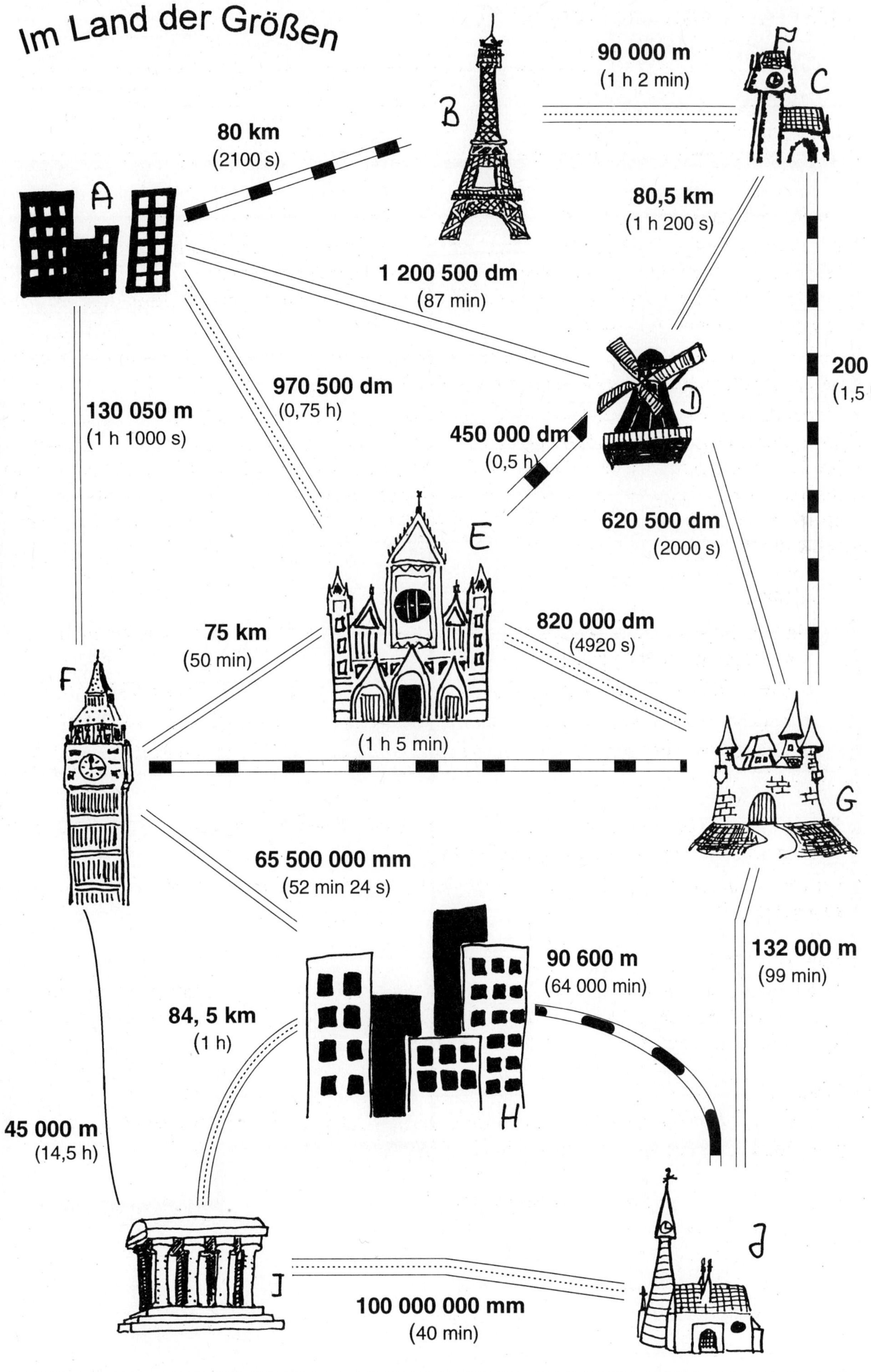

Im Land der Größen

Fahrtenbuch

Entferung pro Zug	*Gesamtentfernung*	*Zeit pro Zug*	*Gesamtzeit*

1.3 Tripletten zu Größen

Spieldauer	Einzel/Gruppe	Lautstärke	Lerneffizienz	Beliebtheit
20 - 30 Min	❖	💣💣	💡	☺

Spielbeschreibung

Wir unterscheiden vier verschiedene Tripletten-Spiele:

- *„Jetzt langt´s“* (mit Entfernungsgrößen)
- *„Massenhaft“* (mit Gewichtsgrößen)
- *„Auf Zeit“* (Mit Zeitgrößen)
- *„Der Preis ist heiß“* (Mit Geldgrößen)

In jedem dieser Spiele geht es um das Zusammenfügen von Tripletten.

Eine Triplette besteht aus jeweils drei Karten, auf denen Größen oder Aufgaben zum Errechnen von Größen in drei verschiedenen Darstellungsweisen vorgegeben sind.

Beispiele:

Beim Spiel „Jetzt langt´s“: *400 mm; 30 cm + 1 dm; 4 dm*

Beim Spiel „Massenhaft“: *0,05 t; 500 kg; 500 000 g.*

Die Spielregeln entsprechen denen, die bereits in Abschnitt 1.4.1 beschrieben worden sind.

Tip für das Spiel

Da die Tripletten-Spiele in Kleingruppen gespielt werden, bietet es sich an, in jeder Gruppe ein Tripletten-Spiel zu einer anderen Größe zu spielen. Die Spiele können dann nach 10 bis 15 Minuten im Karussellverfahren gewechselt werden, so daß am Ende der Stunde jede Gruppe mit allen Tripletten-Spielen beschäftigt war.

Material

Pro Gruppe ein Kartensatz für jeweils ein Spiel; etwa 6-8 Kärtchen pro Schüler.
Kopiervorlagen für Spiel „Jetzt langt´s“: S. 92 - 95,
Blankokopiervorlagen für die restlichen Spiele: S. 96.

Jetzt langt's 144 cm : 12 Spielesammlung M5-3.1.3	Jetzt langt's 1,2 dm Spielesammlung M5-3.1.3	Jetzt langt's 12 cm Spielesammlung M5-3.1.3	Jetzt langt's 4 cm + 9 mm Spielesammlung M5-3.1.3
Jetzt langt's 49 mm Spielesammlung M5-3.1.3	Jetzt langt's 7 · 7 mm Spielesammlung M5-3.1.3	Jetzt langt's 180 cm : 3 Spielesammlung M5-3.1.3	Jetzt langt's 6 dm Spielesammlung M5-3.1.3
Jetzt langt's 600 mm Spielesammlung M5-3.1.3	Jetzt langt's 3 · 5000 mm Spielesammlung M5-3.1.3	Jetzt langt's 150 dm Spielesammlung M5-3.1.3	Jetzt langt's 5 · 300 cm Spielesammlung M5-3.1.3
Jetzt langt's 5 km Spielesammlung M5-3.1.3	Jetzt langt's 2 km + 3 km Spielesammlung M5-3.1.3	Jetzt langt's 500000 cm Spielesammlung M5-3.1.3	Jetzt langt's 9,2 dm Spielesammlung M5-3.1.3

Jetzt langt's 1 m - 8 cm Spielesammlung M5-3.1.3	Jetzt langt's 0,92 m Spielesammlung M5-3.1.3	Jetzt langt's 3 · 11 cm Spielesammlung M5-3.1.3	Jetzt langt's 3,3 dm Spielesammlung M5-3.1.3
Jetzt langt's 99 cm : 3 Spielesammlung M5-3.1.3	Jetzt langt's 1,4 km Spielesammlung M5-3.1.3	Jetzt langt's 1400 m Spielesammlung M5-3.1.3	Jetzt langt's 0,7 km · 2 Spielesammlung M5-3.1.3
Jetzt langt's 8 km : 16 Spielesammlung M5-3.1.3	Jetzt langt's 0,5 km Spielesammlung M5-3.1.3	Jetzt langt's 500 m Spielesammlung M5-3.1.3	Jetzt langt's 750 m Spielesammlung M5-3.1.3
Jetzt langt's 0,5km+250m Spielesammlung M5-3.1.3	Jetzt langt's 0,75 km Spielesammlung M5-3.1.3	Jetzt langt's 85 mm Spielesammlung M5-3.1.3	Jetzt langt's 8,5 cm Spielesammlung M5-3.1.3

Jetzt langt's 0,85 dm Spielesammlung M5-3.1.3	Jetzt langt's 5900 mm Spielesammlung M5-3.1.3	Jetzt langt's 5,9 m Spielesammlung M5-3.1.3	Jetzt langt's 5 m + 9 dm Spielesammlung M5-3.1.3
Jetzt langt's 100 000 mm Spielesammlung M5-3.1.3	Jetzt langt's 100 m Spielesammlung M5-3.1.3	Jetzt langt's 0,1 km Spielesammlung M5-3.1.3	Jetzt langt's 0,6 m Spielesammlung M5-3.1.3
Jetzt langt's 5dm + 100mm Spielesammlung M5-3.1.3	Jetzt langt's 60 cm Spielesammlung M5-3.1.3	Jetzt langt's 250 m Spielesammlung M5-3.1.3	Jetzt langt's 0,25 km Spielesammlung M5-3.1.3
Jetzt langt's 25000 cm Spielesammlung M5-3.1.3	Jetzt langt's 15000 mm Spielesammlung M5-3.1.3	Jetzt langt's 15 m Spielesammlung M5-3.1.3	Jetzt langt's 3 · 5 m Spielesammlung M5-3.1.3

Jetzt langt's

Spielesammlung M5-3.1.3

Jetzt langt's

Spielesammlung M5-3.1.3

Jetzt langt's

Spielesammlung M5-3.1.3

Jetzt langt's

Spielesammlung M5-3.1.3

Jetzt langt's

Spielesammlung M5-3.1.3

Jetzt langt's

Spielesammlung M5-3.1.3

Jetzt langt's

Spielesammlung M5-3.1.3

Jetzt langt's

Spielesammlung M5-3.1.3

Jetzt langt's

Spielesammlung M5-3.1.3

Jetzt langt's

Spielesammlung M5-3.1.3

Jetzt langt's

Spielesammlung M5-3.1.3

Jetzt langt's

Spielesammlung M5-3.1.3

Jetzt langt's

Spielesammlung M5-3.1.3

Jetzt langt's

Spielesammlung M5-3.1.3

Jetzt langt's

Spielesammlung M5-3.1.3

Jetzt langt's

Spielesammlung M5-3.1.3

massenhaft Spielesammlung M5-3.1.3	massenhaft Spielesammlung M5-3.1.3	massenhaft Spielesammlung M5-3.1.3	massenhaft Spielesammlung M5-3.1.3
Auf Zeit Spielesammlung M5-3.1.3	Auf Zeit Spielesammlung M5-3.1.3	Auf Zeit Spielesammlung M5-3.1.3	Auf Zeit Spielesammlung M5-3.1.3
Der Preis ist heiß! Spielesammlung M5-3.1.3	Der Preis ist heiß! Spielesammlung M5-3.1.3	Der Preis ist heiß! Spielesammlung M5-3.1.3	Der Preis ist heiß! Spielesammlung M5-3.1.3

2 Messen, Maßeinheit, Maßzahl

2.1 Das Maß ist toll!

Spieldauer	Einzel/Gruppe	Lautstärke	Lerneffizienz	Beliebtheit
20 - 30 Min	**2 / 4**	💣	💡	☺

Spielbeschreibung

Die Klasse wird in Paare eingeteilt, die jeweils ein Kartenspiel, bestehend aus 16 Maßzahl-Karten und 16 Maßeinheits-Karten, erhalten. Die Karten werden verdeckt an die beiden Spieler verteilt, so daß jeder Schüler 8 Maßzahl- und 8 Maßeinheitskarten bekommt.

Spieler 1 legt nun eine beliebige Maßzahl- und eine beliebige Maßeinheitskarte auf den Tisch. Spieler 2 kann sich daraufhin überlegen, ob und ggf. mit welchem Kartenpaar er den Wert des auf dem Tisch liegenden übertreffen kann und will. In Frage kommt hier natürlich nur ein Kartenpaar mit einer Maßeinheit der gleichen Größe, wie Spieler 1 sie vorgegeben hat. Hat Spieler 2 den von Spieler 1 ausgespielten Wert nicht übertreffen können, geht der Stich an Spieler 1. Ist es ihm hingegen gelungen, den Wert zu erhöhen, hat nun Spieler 1 die Möglichkeit, den Wert seines ersten Kartenpaares durch die Ablage eines zweiten Kartenpaares zu erhöhen (die Einheit muß selbstverständlich von derselben Größe sein). Die Werte der beiden vom ersten Spieler stammenden Größen werden dabei addiert. Anschließend hat Spieler 2 die Möglichkeit, den Stich durch Erhöhung seiner Größe für sich zu entscheiden. Dieses wechselseitige Aufwerten wird solange fortgesetzt, bis ein Spieler nicht mehr erhöhen will oder kann (d.h.: er paßt). Dann erhält der Spieler, der die letzten Karten abgelegt und damit auch in der Summe den größten Wert erzielt hat, den - stets aus allen in dieser Runde gelegten Karten bestehenden - Stich. Er hat zudem das Recht, die nächste Runde zu beginnen und damit die dafür geltende Größe zu bestimmen.

Das Spiel wird solange fortgesetzt, bis einer der Spieler zwar an der Reihe ist, aber keine Karten mehr besitzt. Etwaige Restkarten bei seinem Gegenüber verfallen dann, gelten also nicht als gewonnener Stich.

Nach Spielende addieren die Spieler die von ihnen erzielten Werte der gewonnenen Stiche, jeweils getrennt nach Größen, und vergleichen sie. Hierbei muß darauf geachtet werden, daß die Maßzahlen- und Maßeinheits-Karten nicht untereinander vertauscht werden. Die Paare bleiben unverändert so, wie sie von den Spielern hingelegt wurden. Die Spieler erhalten für jede Größe, bei der sie insgesamt einen höheren Wert erzielt haben als der Mitspieler, einen Punkt. Danach werden die Karten gemischt und für das nächste Spiel neu verteilt. Der Spieler, der nach einer festgelegten Anzahl von Spielen oder nach einer festgelegten Zeit die meisten Punkte gesammelt hat, gewinnt.

Tips für das Spiel

1. Damit der Unterschied zwischen Maßzahl und Maßeinheit deutlicher wird, ist es hilfreich, die Maßzahl- und Maßeinheits-Karten auf unterschiedlich gefärbten Karton (Pappe) zu kopieren.

2. Um die Spieler auch nach mehreren Spielen noch im Unklaren zu lassen, welche Karten der jeweilige Gegenspieler hat, können die jedem Paar zugeteilten 16 Karten gelegentlich mit denen eines anderen Paares getauscht werden.

Spielvariante für 4 Personen

Bei dieser Variante spielen jeweils zwei Spieler, die sich (z.B. an einem Tisch) gegenübersitzen, in einem Team zusammen; pro Gruppe werden 4×8 Karten verteilt. Spieler 1 (Team A) spielt das erste Kartenpaar. Spieler 2 (Team B), Spieler 3 (Team A) und Spieler 4 (Team B) folgen. Die Runde ist beendet und der Gewinn des Stichs entschieden, sobald einer der Spieler paßt. Im übrigen gelten die oben beschriebenen Regeln.

Tip für die Spielvariante

Diese Spielvariante läßt sich auch auf Kleingruppen von sechs Spieler erweitern.

Spielvariante mit Bluff (für 2 Personen)

Spieler 1 legt beliebig viele Kartenpaare, jeweils bestehend aus einer Maßzahl- und einer Maßeinheitskarte, in einem Stapel offen auf den Tisch, so daß nur die oberste Karte (eine Maßeinheitskarte) für den Mitspieler zu erkennen ist. Alle Maßeinheitskarten im Stapel müssen allerdings derselben Größe zugehören. Spieler 2 kann sich daraufhin überlegen, mit welchem Kartenpaar-Stapel er den auf dem Tisch liegenden übertreffen will. Hier besteht Zugzwang: Er muß mindestens ein Kartenpaar ablegen, sofern er eine Karte mit einer entsprechenden Maßeinheit der gleichen Größe hat. Die Schwierigkeit besteht darin, daß Spieler 2 wohl die Anzahl der Kartenpaare aus der Dicke des Stapels schätzen kann (der Stapel darf von ihm nicht berührt werden), aber keinen Anhaltspunkt über den vorgegebenen Gesamtwert von Spieler 1 hat. Bei dieser Variante können die Spieler, die die Spielrunde eröffnen, hervorragend bluffen.

Nachdem Spieler 2 seinen Stapel hingelegt hat, darf nicht weiter erhöht werden. Die beiden Stapel werden durch Addition aller Werte ausgezählt, und der Spieler , der den Stapel mit dem höheren Wert abgelegt hat, erhält beide Stapel. Anschließend muß er herauskommen.

Die Auswertung erfolgt wie bei den ersten Varianten.

Material

Pro Gruppe 16 (32) Spielkarten (Kopiervorlage liegt bei).

Maßzahl
Das Maß ist toll!
0,1
Spielesammlung M5-3.2.1

Maßzahl
Das Maß ist toll!
0,2
Spielesammlung M5-3.2.1

Maßzahl
Das Maß ist toll!
0,5
Spielesammlung M5-3.2.1

Maßzahl
Das Maß ist toll!
0,7
Spielesammlung M5-3.2.1

Maßzahl
Das Maß ist toll!
1
Spielesammlung M5-3.2.1

Maßzahl
Das Maß ist toll!
2
Spielesammlung M5-3.2.1

Maßzahl
Das Maß ist toll!
7
Spielesammlung M5-3.2.1

Maßzahl
Das Maß ist toll!
12
Spielesammlung M5-3.2.1

Maßzahl
Das Maß ist toll!
25
Spielesammlung M5-3.2.1

Maßzahl
Das Maß ist toll!
50
Spielesammlung M5-3.2.1

Maßzahl
Das Maß ist toll!
100
Spielesammlung M5-3.2.1

Maßzahl
Das Maß ist toll!
150
Spielesammlung M5-3.2.1

Maßzahl
Das Maß ist toll!
250
Spielesammlung M5-3.2.1

Maßzahl
Das Maß ist toll!
600
Spielesammlung M5-3.2.1

Maßzahl
Das Maß ist toll!
1200
Spielesammlung M5-3.2.1

Maßzahl
Das Maß ist toll!
5000
Spielesammlung M5-3.2.1

Maßeinheit Das Maß ist toll! *mm* Spielesammlung M5-3.2.1	Maßeinheit Das Maß ist toll! *cm* Spielesammlung M5-3.2.1	Maßeinheit Das Maß ist toll! *dm* Spielesammlung M5-3.2.1	Maßeinheit Das Maß ist toll! *m* Spielesammlung M5-3.2.1
Maßeinheit Das Maß ist toll! *m* Spielesammlung M5-3.2.1	Maßeinheit Das Maß ist toll! *km* Spielesammlung M5-3.2.1	Maßeinheit Das Maß ist toll! *g* Spielesammlung M5-3.2.1	Maßeinheit Das Maß ist toll! *g* Spielesammlung M5-3.2.1
Maßeinheit Das Maß ist toll! *kg* Spielesammlung M5-3.2.1	Maßeinheit Das Maß ist toll! *kg* Spielesammlung M5-3.2.1	Maßeinheit Das Maß ist toll! *t* Spielesammlung M5-3.2.1	Maßeinheit Das Maß ist toll! *s* Spielesammlung M5-3.2.1
Maßeinheit Das Maß ist toll! *s* Spielesammlung M5-3.2.1	Maßeinheit Das Maß ist toll! *min* Spielesammlung M5-3.2.1	Maßeinheit Das Maß ist toll! *h* Spielesammlung M5-3.2.1	Maßeinheit Das Maß ist toll! *d* Spielesammlung M5-3.2.1

2.2 Maßgewürfelt

Spieldauer	Einzel/Gruppe	Lautstärke	Lerneffizienz	Beliebtheit
15 - 20 Min	❖	💣💣	💡	☺

Spielbeschreibung

Die Schüler werden in Kleingruppen eingeteilt, die jeweils

- einen *Faktor-Würfel* (mit den Aufdrucken × **2**, × **3**, × **4**, **: 2**, **: 3** und **Joker**)
- einen *Maßzahl-Würfel* (ein Würfel mit Zahlen)
- einen *Maßeinheits-Würfel* (mit jeweils 3 Maßzahlen von 2 verschiedenen Größen)
- sowie ein *Arbeitsblatt* pro Schüler

erhalten.

(Zur besseren Unterscheidung sollten Faktor-, Maßzahl- und Maßeinheitswürfel unterschiedliche Farben besitzen.)

Die Schüler würfeln nacheinander, rechnen die Ergebnisse aus und tragen sie in das Arbeitsblatt ein.

Beispiel:

Hat der Schüler mit dem

Faktor-Würfel:	× **3**,
Maßzahl-Würfel:	**250**,
Maßeinheits-Würfel:	**cm**

erhalten, kann er *750 cm* oder *75 dm* oder *7,5 m* auf sein Arbeitsblatt eintragen. Die Schüler sollen hier selbst überlegen, welche Größe die für sie einfachste ist.

Würfelt der Schüler mit dem Faktor-Würfel den **Joker**, darf er mit allen Würfeln erneut würfeln, bis er einen konkreten Faktor-Wert erhält. Die bei den vorangegangenen Würfen durch den Maßzahl- und den Maßeinheits-Würfel bestimmten Größen gelten fort und werden mit den Folgewerten addiert.

Nach einer vorher festgelegten Zahl von Runden oder nach Ablauf einer vereinbarten Zeit werden die Größen zusammengezählt. Es gibt dann für jede Größe einen Sieger.

Tips für das Spiel

1. Sofern das Spiel für die Schüler zu Beginn Schwierigkeiten bereitet, kann man in den ersten Runden den Faktor-Würfel weglassen.
2. Wenn die Schüler auf einer Unterlage (z.B. einem Heft) würfeln, kann man die beim Würfeln entstehende Unruhe mindern.

Spielvarianten

1. Ein Schüler, der an der Reihe ist, kann selbst bestimmen, wie oft er hintereinander würfeln will. Die erwürfelten Größen werden wieder in das Arbeitsblatt eingetragen.

   Bei dieser Version wirkt sich allerdings der „Joker" nachteilig aus. Würfelt ein Schüler mit dem Faktor-Würfel den Joker, muß er auf sein Arbeitsblatt vor jede in dieser Runde erwürfelten Größe ein Minuszeichen setzen. Diese Größen werden am Ende des Spiels abgezogen.

   Jeder Wurf ist somit mit einem Risiko verbunden.
2. Der Maßeinheits-Würfel hat 2 Maßzahlen von 3 verschiedenen Größen.

Material

3 verschiedenfarbige Würfel mit Aufklebern pro Schülergruppe.

Würfeln nach Maß

Faktor	Maßzahl	Maßeinheit	Größe	Faktor	Maßzahl	Maßeinheit	Größe
		Gesamt:	________			**Gesamt:**	________

3 Umfang und Flächeninhalte von Rechtecken

3.1 Top Secret I und Top Secret II (FA)

Spieldauer	Einzel/Gruppe	Lautstärke	Lerneffizienz	Beliebtheit
10 - 20 Min	••••	💣	💡💡	☺☺☺

Spielbeschreibung

Jeder Schüler erhält ein Arbeitsblatt, auf dem verschiedene Rechtecke eingezeichnet sind. Jedes Rechteck entspricht einem Buchstaben, wobei die Buchstaben durch die Flächeninhalte der Rechtecke vorgegeben werden.

Beispiel:

Flächeninhalt des ersten Rechtecks aus „Top secret I“:
13 cm² ⇨ 13. Buchstabe im Alphabet = **M**

Der Lösungssätze ergeben sich in dieser Weise zu

Top Secret I: *Mathe finde ich super gut!*
Top Secret II: *Die Nacht von Casablanca*

Material

Ein Arbeitsblatt pro Schüler.

!Top Sekret (I)!

Höhe: 3,25 cm
Breite: 4 cm
⇨Flächeninhalt:
3,25cm ·4cm =13 cm²

13. Buchstabe = ***M***

!Top Sekret (II)!

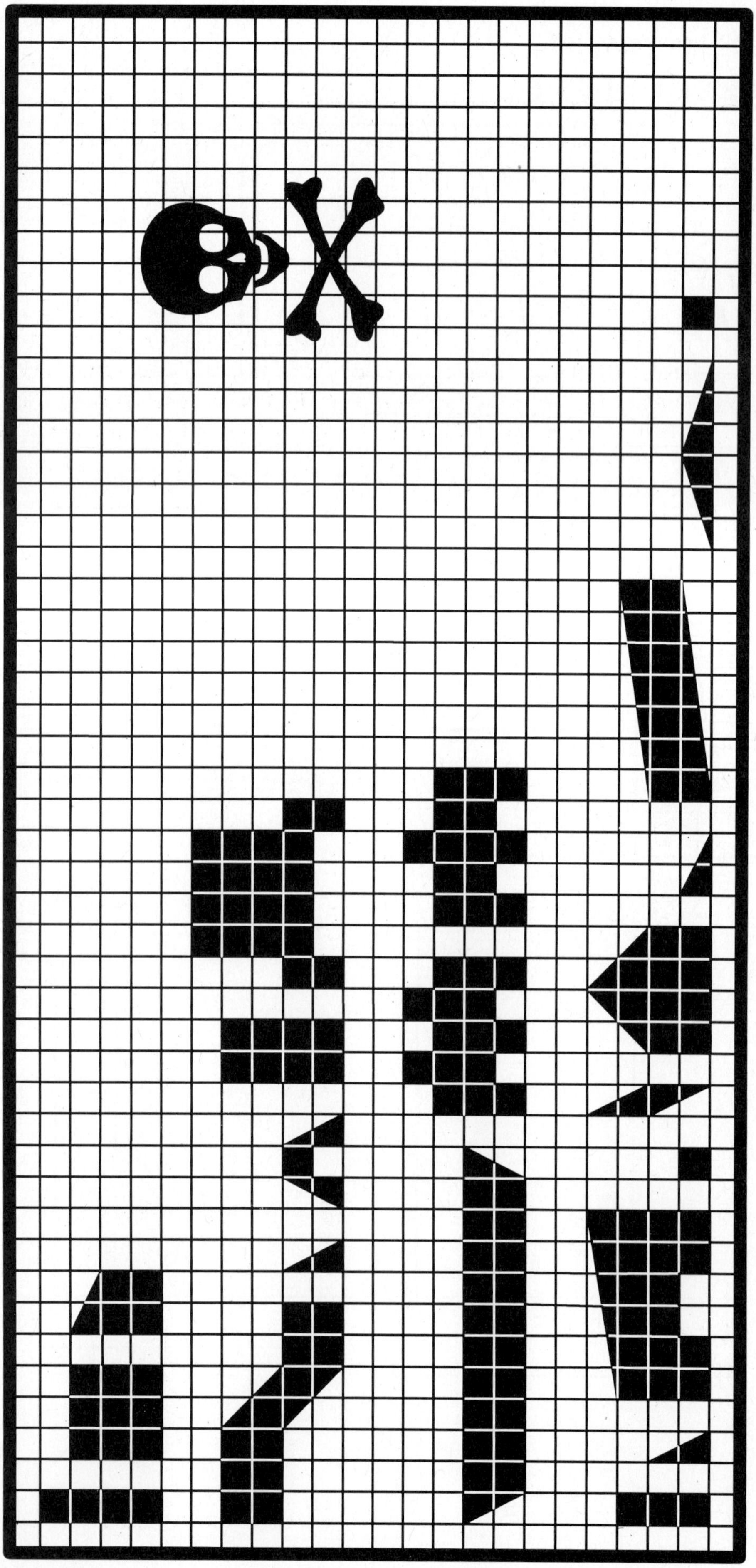

Lösungsformel: ______________________

3.2 Rechtecks-Quartett

Spieldauer	Einzel/Gruppe	Lautstärke	Lerneffizienz	Beliebtheit
20 - 30 Min	❖	💣	💡💡	☺☺

Spielbeschreibung

Die Regeln für das Quartett-Spiel stimmen im wesentlichen mit denen überein, die schon in Abschnitt 1.4.1 für das Spiel *„Mit System"* beschrieben worden sind. Im Gegensatz zu dem dort erläuterten Spiel benötigt man beim Rechtecks-Quartett vier Karten zur Vervollständigung eines Quartetts. Jede Karte enthält zwei Angaben zu verschiedenen Maßen eines Rechtecks, aus denen sich dessen Form und Größe eindeutig ergeben. Zu einem Quartett gehören diejenigen Karten, die dasselbe Rechteck beschreiben.

<u>Beispiel eines Quartettes:</u>

1. Karte: Seitenlänge: *6 cm*
   Umfang: *20 cm*
2. Karte: Seitenlänge: *4 cm*
   Flächeninhalt: *24 cm²*
3. Karte: Flächeninhalt: *24 cm²*
   Seitenlänge: *6 cm*
4. Karte: Seitenlänge 1: *4 cm*
   Seitenlänge 2: *6 cm*

Blankokarten für die Herstellung eines Rechteck-Quartetts befinden sich auf der Seite 110.

Material

Pro Gruppe 32 Spielkarten (Kopiervorlage liegt bei).

Rechtecks-Quartett Seitenlänge: *6 cm* Umfang: *20 cm* ❑ Spielesammlung M5-3.3.2	Rechtecks-Quartett Seitenlänge: *4 cm* Flächeninhalt: *24* cm^2 ❑ Spielesammlung M5-3.3.2	Rechtecks-Quartett Flächeninhalt: *24* cm^2 Seitenlänge: *6 cm* ❑ Spielesammlung M5-3.3.2	Rechtecks-Quartett 1. Seitenlänge: *4 cm* 2. Seitenlänge: *6 cm* ❑ Spielesammlung M5-3.3.2
Rechtecks-Quartett Seitenlänge: *12 cm* Umfang: *34 cm* ❑ Spielesammlung M5-3.3.2	Rechtecks-Quartett Seitenlänge: *5 cm* Flächeninhalt: *60* cm^2 ❑ Spielesammlung M5-3.3.2	Rechtecks-Quartett Flächeninhalt: *60* cm^2 Seitenlänge: *12 cm* ❑ Spielesammlung M5-3.3.2	Rechtecks-Quartett 1.Seitenlänge: *5 cm* 2. Seitenlänge: *12 cm* ❑ Spielesammlung M5-3.3.2
Rechtecks-Quartett Seitenlänge: *4 cm* Umfang: *22 cm* ❑ Spielesammlung M5-3.3.2	Rechtecks-Quartett Seitenlänge: *7 cm* Flächeninhalt: *28* cm^2 ❑ Spielesammlung M5-3.3.2	Rechtecks-Quartett Flächeninhalt: *28* cm^2 Seitenlänge: *4 cm* ❑ Spielesammlung M5-3.3.2	Rechtecks-Quartett 1. Seitenlänge: *7 cm* 2. Seitenlänge: *4 cm* ❑ Spielesammlung M5-3.3.2
Rechtecks-Quartett Seitenlänge: *5 cm* Umfang: *28 cm* ❑ Spielesammlung M5-3.3.2	Rechtecks-Quartett Seitenlänge: *9 cm* Flächeninhalt: *45* cm^2 ❑ Spielesammlung M5-3.3.2	Rechtecks-Quartett Flächeninhalt: *45* cm^2 Seitenlänge: *5 cm* ❑ Spielesammlung M5-3.3.2	Rechtecks-Quartett 1. Seitenlänge: *9 cm* 2. Seitenlänge: *5 cm* ❑ Spielesammlung M5-3.3.2

Rechtecks-Quartett **Seitenlänge:** *3 cm* **Umfang:** *14 cm* ❑ Spielesammlung M5-3.3.2	Rechtecks-Quartett **Seitenlänge:** *4 cm* **Flächeninhalt:** $12\,cm^2$ ❑ Spielesammlung M5-3.3.2	Rechtecks-Quartett **Flächeninhalt:** $12\,cm^2$ **Seitenlänge:** *3 cm* ❑ Spielesammlung M5-3.3.2	Rechtecks-Quartett **1. Seitenlänge:** *4 cm* **2. Seitenlänge:** *3 cm* ❑ Spielesammlung M5-3.3.2
Rechtecks-Quartett **Seitenlänge:** *7 cm* **Umfang:** *24 cm* ❑ Spielesammlung M5-3.3.2	Rechtecks-Quartett **Seitenlänge:** *5 cm* **Flächeninhalt:** $35\,cm^2$ ❑ Spielesammlung M5-3.3.2	Rechtecks-Quartett **Flächeninhalt:** $35\,cm^2$ **Seitenlänge:** *7 cm* ❑ Spielesammlung M5-3.3.2	Rechtecks-Quartett **1. Seitenlänge:** *5 cm* **2. Seitenlänge:** *7 cm* ❑ Spielesammlung M5-3.3.2
Rechtecks-Quartett **Seitenlänge:** *8 cm* **Umfang:** *32 cm* ❑ Spielesammlung M5-3.3.2	Rechtecks-Quartett **Seitenlänge:** *8 cm* **Flächeninhalt:** $64\,cm^2$ ❑ Spielesammlung M5-3.3.2	Rechtecks-Quartett **Flächeninhalt:** $64\,cm^2$ **Seitenlänge:** *8 cm* ❑ Spielesammlung M5-3.3.2	Rechtecks-Quartett **1. Seitenlänge:** *8 cm* **2. Seitenlänge:** *8 cm* ❑ Spielesammlung M5-3.3.2
Rechtecks-Quartett **Seitenlänge:** *1 cm* **Umfang:** *20 cm* ❑ Spielesammlung M5-3.3.2	Rechtecks-Quartett **Seitenlänge:** *9 cm* **Flächeninhalt:** $9\,cm^2$ ❑ Spielesammlung M5-3.3.2	Rechtecks-Quartett **Flächeninhalt:** $9\,cm^2$ **Seitenlänge:** *1 cm* ❑ Spielesammlung M5-3.3.2	Rechtecks-Quartett **1. Seitenlänge:** *9 cm* **2. Seitenlänge:** *1 cm* ❑ Spielesammlung M5-3.3.2

Rechtecks-Quartett

Seitenlänge: ____
Umfang: ____

❑

Spielesammlung M5-3.3.2

Rechtecks-Quartett

Seitenlänge: ____
Flächeninhalt: ____

❑

Spielesammlung M5-3.3.2

Rechtecks-Quartett

Flächeninhalt: ____
Seitenlänge: ____

❑

Spielesammlung M5-3.3.2

Rechtecks-Quartett

1. Seitenlänge: ____
2. Seitenlänge: ____

❑

Spielesammlung M5-3.3.2

Rechtecks-Quartett

Seitenlänge: ____
Umfang: ____

❑

Spielesammlung M5-3.3.2

Rechtecks-Quartett

Seitenlänge: ____
Flächeninhalt: ____

❑

Spielesammlung M5-3.3.2

Rechtecks-Quartett

Flächeninhalt: ____
Seitenlänge: ____

❑

Spielesammlung M5-3.3.2

Rechtecks-Quartett

1. Seitenlänge: ____
2. Seitenlänge: ____

❑

Spielesammlung M5-3.3.2

Rechtecks-Quartett

Seitenlänge: ____
Umfang: ____

❑

Spielesammlung M5-3.3.2

Rechtecks-Quartett

Seitenlänge: ____
Flächeninhalt: ____

❑

Spielesammlung M5-3.3.2

Rechtecks-Quartett

Flächeninhalt: ____
Seitenlänge: ____

❑

Spielesammlung M5-3.3.2

Rechtecks-Quartett

1. Seitenlänge: ____
2. Seitenlänge: ____

❑

Spielesammlung M5-3.3.2

Rechtecks-Quartett

Seitenlänge: ____
Umfang: ____

❑

Spielesammlung M5-3.3.2

Rechtecks-Quartett

Seitenlänge: ____
Flächeninhalt: ____

❑

Spielesammlung M5-3.3.2

Rechtecks-Quartett

Spielesammlung M5-3.3.2

Rechtecks-Quartett

Spielesammlung M5-3.3.2

4 *Oberflächen- und Rauminhalte von Quadern*

4.1 Quader-Rennen (I)

Spieldauer	Einzel/Gruppe	Lautstärke	Lerneffizienz	Beliebtheit
15 - 20 Min	■	💣💣💣	💡💡	☺☺☺

Spielbeschreibung

Für dieses Spiel benötigt man ausreichend Platz im Klassenzimmer. Die Schüler werden in drei Mannschaften eingeteilt, die sich parallel zueinander in Reihen aufstellen. In einer Entfernung von etwa 2 Metern sitzt der Lehrer an einem Tisch, auf dem sich viele Lösungen von Aufgaben zu Raum- und Flächeninhalten von Quadern auf kleinen Zetteln befinden.

Der Lehrer hebt nun ein großes Blatt Papier hoch, auf dem die drei Kantenlängen eines Quaders und das Wort *Rauminhalt* oder *Oberfläche* stehen. (Z.B.: *Rauminhalt*, $a = 3\ cm$, $b = 4\ cm$, $c = 5\ cm$.) Das ist für die jeweils ersten Schüler der drei Reihen das Zeichen, daß sie zum Tisch rennen dürfen, um die richtige Lösungskarte zu finden. Die Mannschaft, deren Spieler als erster die richtige Lösungskarte findet, erhält einen Punkt. Anschließend reihen sich die drei Schüler hinten in ihre Reihe wieder ein und die nächsten drei Spieler sind mit einer neuen Frage an der Reihe.

Sieger ist die Mannschaft, die am Schluß die meisten Punkte sammeln konnte.

Material

Aufgaben- und Lösungskarten.

4.2 Quader-Rennen (II)

Spieldauer	Einzel/Gruppe	Lautstärke	Lerneffizienz	Beliebtheit
25 - 35 Min	■	💣💣💣	💡💡💡	☺☺☺

Spielbeschreibung

Für dieses Spiel werden 25 Quader mit Kantenlängen zwischen *1 cm* und *7 cm* benötigt, die gut sichtbar mit einem Filzstift durchnumeriert werden. Weiterhin braucht man 27 Karten, von denen 25 mit den Zahlen von 1 bis 25 beschriftet sind, während zwei Karten als Joker gelten; die eine steht als Verdopplungs-, die andere als Verdreifachungskarte.

Die Schüler spielen tischweise in Zweiergruppen. Ein Spieler jeder Gruppe kommt zu Beginn des Spiels zum Lehrerpult, um aus dem verdeckt gehaltenen Kartenstapel eine Karte zu ziehen und den Quader mit der Nummer der gezogenen Karte zu seinem Tisch zu nehmen. Dort sollen die beiden Schüler den Quader vermessen, anschließend dessen Volumen und Oberfläche bestimmen und diese Werte in eine Tabelle eintragen:

Beispiel:

Quader-Nr.	Länge	Breite	Höhe	Volumen	Flächeninhalt
14	*6 cm*	*4 cm*	*1 cm*	*24* cm^3	*68* cm^2
5	*3 cm*	*3 cm*	*3 cm*	*27* cm^3	*54* cm^2
⋮	⋮	⋮	⋮	⋮	⋮

Die gezogene Karte bleibt derweil bei den Spielern und wird erst nach Erledigung der Aufgabe und Rückgabe des Quaders wieder in das Kartenspiel gemischt, so daß der Quader von einem anderen Spieler wieder gezogen werden kann.

Ziel des Spiels ist es, in einer vorgegebenen Zeit von etwa 15 Minuten ein möglichst hohes Gesamtvolumen und eine möglichst hohe Gesamtoberfläche, die sich jeweils aus der Summe der einzelnen Quadervolumina bzw. Flächeninhalte ergeben, zu erhalten.

Zieht ein Schüler aus dem Kartenspiel eine Jokerkarte, darf er eine weitere Karte ziehen. Mit der Jokerkarte - die immer nur für einen Quader gilt - darf er die Oberfläche und das Volumen des Quaders verdoppeln bzw. verdreifachen. So können die Schüler sowohl durch schnelles Rechnen als auch durch Glück gute Leistung erzielen. Das Element „Glück" bzw. „Pech" wird bei diesem Spiel selbstverständlich schon dadurch gesichert, daß die einzelnen Quader von unterschiedlicher Größe sind. So kann man durchaus unter die Quader eine „Niete" mit den Kantenlängen *1 cm* mischen.

Nach Abschluß des Spiels werden die Ergebnisse verglichen. Die Schüler zählen dazu jeweils die Werte der Volumina und Oberflächen zusammen, sofern ihre Lösungen, die gemeinsam verglichen werden, richtig sind. Falsche Ergebnisse dürfen zwar korrigiert, aber nicht zu den Gesamtwerten addiert werden.

Tips für das Spiel

1. Da der Lehrer während des Spiels hauptsächlich damit beschäftigt ist, die Karten der berechneten Quader einzusammeln und sie wieder neu zur Verlosung anzubieten, und sich so relativ wenig um den Spielverlauf kümmern kann, sollte man vereinbaren, daß im Falle von zu großer Lautstärke oder unsachgemäßer Behandlung der Quader (wenn sie z.B. nicht ordentlich auf ihren Platz gestellt werden) Abzüge vom „Guthaben" gemacht werden dürfen.
2. Da die Herstellung der Quader sehr aufwendig ist, bietet es sich an, diesen Teil der Spielvorbereitung den Schülern als Hausaufgabe aufzugeben. Hier muß allerdings darauf geachtet werden, daß die Quader sauber angefertigt werden, damit sie sich im Spiel exakt ausmessen lassen.

Zusatzfragen

Nach dem Spiel kann man mit den Schülern überlegen, ob es immer nur einen Gesamtsieger oder ob es auch zwei verschiedene - einen „Oberflächensieger" und einen anderen „Volumensieger" - geben kann.

Quaderrennen

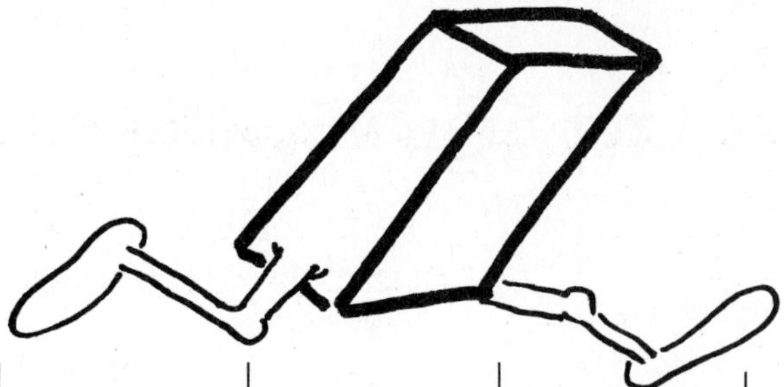

Quader-Nr.	Länge	Breite	Höhe	Volumen	Flächeninhalt

IV Spielideen zur Ergebnissicherung

1 *Wege-Spiele*

1.1 Die eiskalte Möhrchenjagd (FA)

Spieldauer	Einzel/Gruppe	Lautstärke	Lerneffizienz	Beliebtheit
45 - 90 Min	**3 / ■**	💣💣	💡💡💡	☺☺☺

Spielbeschreibung

Die Klasse wird in Gruppen zu je drei Schülern eingeteilt, die jeweils ein Spielbrett und einen Würfel erhalten. Zusätzlich benötigt jeder Schüler drei Spielfiguren, die sich gegenüber denen der Mitspieler seiner Gruppe farblich unterscheiden.

Zu Beginn des Spieles werden die Spielfiguren auf die Startfelder („❍-Felder“) gesetzt. Für jeden Spieler ist dafür eine Startbucht vorgesehen. Es gilt nun, möglichst schnell mit einer Spielfigur von der eigenen Startbucht in das gemeinsame Zielfeld zu gelangen.

Zum Herauskommen aus der Startbucht müssen die Schüler eine Startkarte aus einem vorbereiteten Kartenhaufen ziehen und die darauf vermerkte Frage beantworten. Bei richtiger Beantwortung dürfen sie eine ihrer drei Spielfiguren auf das vor der Bucht gelegene Feld, den Landeplatz, setzen. Jeder Spieler kann (muß aber nicht) dies Verfahren wiederholen, solange er noch Spielfiguren auf den Startfeldern hat und sobald der Landeplatz wieder frei ist. Eine mißglückte Fragebeantwortung gilt als Zug, d.h. der betreffende Schüler kann erst wieder in der nächsten Runde eine neue Startkarte nehmen oder mit einer schon im Spielfeld stehenden Spielfigur ziehen.

Ab dem Landeplatz wird die Anzahl der Felder, die man vorrücken darf, durch einen Würfel bestimmt. Die Schüler dürfen bei jedem Wurf entscheiden, mit welcher Spielfigur und in welche Richtung sie ziehen wollen. Allerdings gilt: Eine einmal eingeschlagene Richtung darf nicht während eines Zuges umgekehrt werden.

Ein Feld kann nicht mehr besetzt werden, wenn es von einer Spielfigur desselben Spielers belegt ist. Kommt ein Spieler auf ein Feld, das von einem anderen Schüler besetzt ist, kann er die gegnerische Spielfigur hinauswerfen. Dieser kann sich aber durch die richtige Beantwortung einer Frage auf einer *Rettungskarte* vor dem Rauswurf schützen. In diesem Fall dürfen ausnahmsweise zwei Spielfiguren auf einem Feld stehen.

Zur Erschwerung kann der Lehrer auf dem Weg verschiedene Barriere-Steine verlegen. Hierzu bieten sich die „⊙-Felder“ an. Eine Barriere kann von keiner Spielfigur passiert werden. Sie kann aber von einem Spieler beseitigt werden, wenn seine Spielfigur auf eine Position unmittelbar vor, nach oder auf der Barriere kommt und er eine Frage auf einer *Barriere-Karte* richtig beantworten kann; falls dies vorab so vereinbart ist, kann er die Barriere auch auf ein anderes Feld seiner Wahl verschieben. (Als Erschwerung kann man unterschiedlich gefärbte Barrieren verwenden. Damit kann das Thema oder der Schwierigkeitsgrad der Fragen bestimmt werden, die zur Überwindung der betreffenden Barriere gestellt werden.) Eine mißglückte Fragebeantwortung gilt als Zug; die Spielfigur kann dann nicht weitergesetzt werden.

Start-, Rettungs- und Barrierekarten weisen jeweils Fragen auf, die einen bestimmten Teilbereich eines Lernabschnitts umfassen.

Spielvariante

Wenn man das Spielfeld auf eine Folie kopiert, läßt sich das Spiel auch mit der ganzen Klasse spielen. In diesem Fall spielen Gruppen gegeneinander. Eine Aufgabe gilt bei dieser Version als gelöst, wenn die Hälfte der Gruppe sie richtig berechnet hat.

Tip für die Spielvariante

Damit die Schüler die Spielfiguren auch von ihren Plätzen aus unterscheiden können, ist es hierbei sinnvoll, unter die Spielsteine einen Boden aus einer farbigen Folienkreisscheibe zu kleben

Material

Spielfeld (Kopiervorlage liegt bei), Spielsteine, Barrieren, Würfel.

Die eiskalte Möhrchenjagd

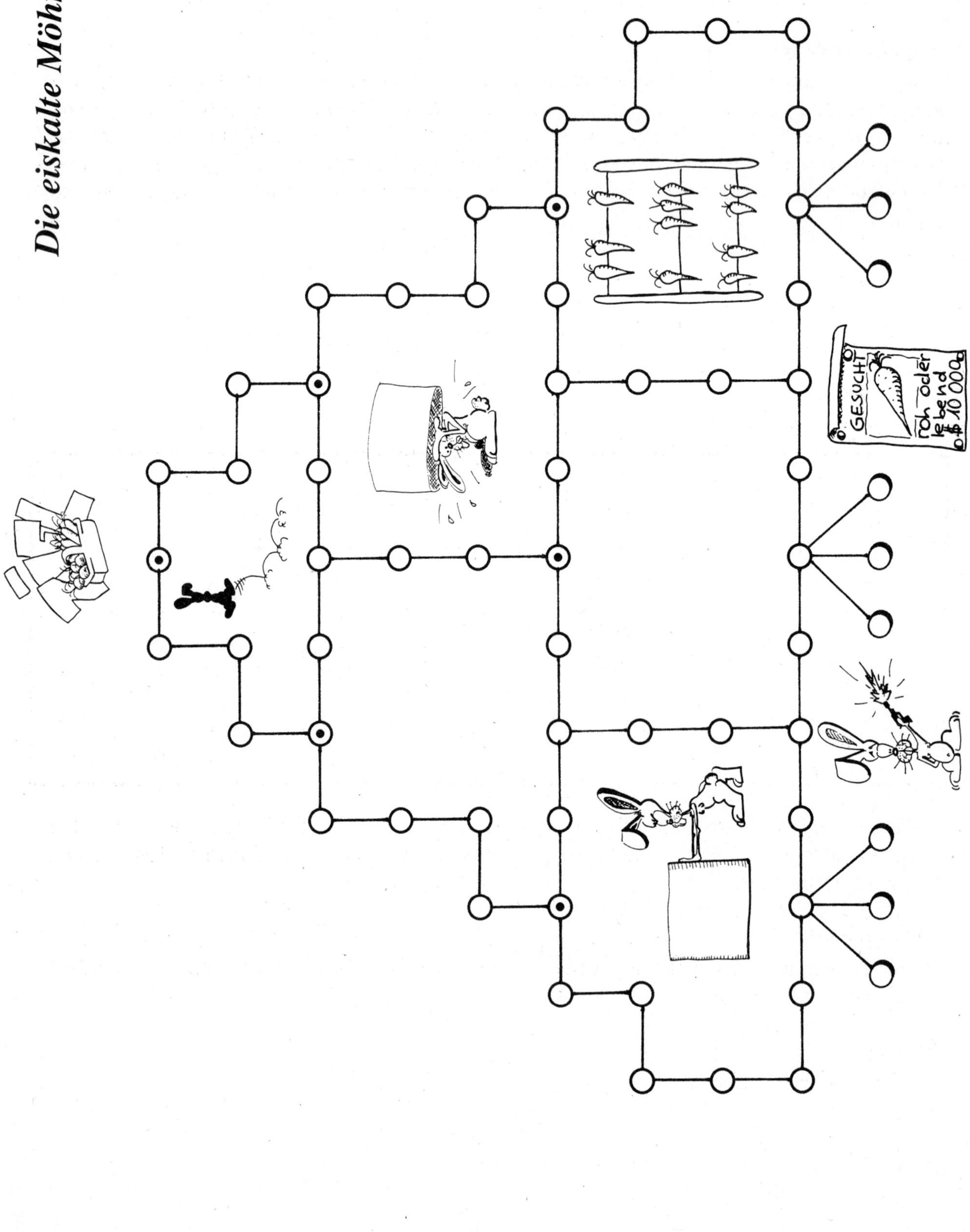

1.2 Das universelle Zahlenrätsel (FA)

Spieldauer	Einzel/Gruppe	Lautstärke	Lerneffizienz	Beliebtheit
10 - 15 Min	••••	💣	💡💡	☺

Spielbeschreibung

Jeder Schüler erhält ein Arbeitsblatt, auf dem die Zahlen von *1* bis *200* der Reihenfolgen nach angeordnet stehen. Der Lehrer trägt nun - in sachgerechten Abständen - eine Reihe von Zahlen im Zweiersystem vor. Die Schüler sollen die entsprechenden Zahlen im Zehnersystem herausfinden, dieselben Zahlen dann auch auf dem Arbeitsblatt aufspüren und fortschreitend durch Linien verbinden. Wenn der Lehrer seine Vorgaben entsprechend gewählt hat, entsteht so eine Figur.

<u>Beispiel:</u>
Die Zahlen im Zweiersystem
1100➲10010➲100110➲100101➲11010➲11001➲100001➲100000➲1100
ergäben folgenden geschlossenen Streckenzug:

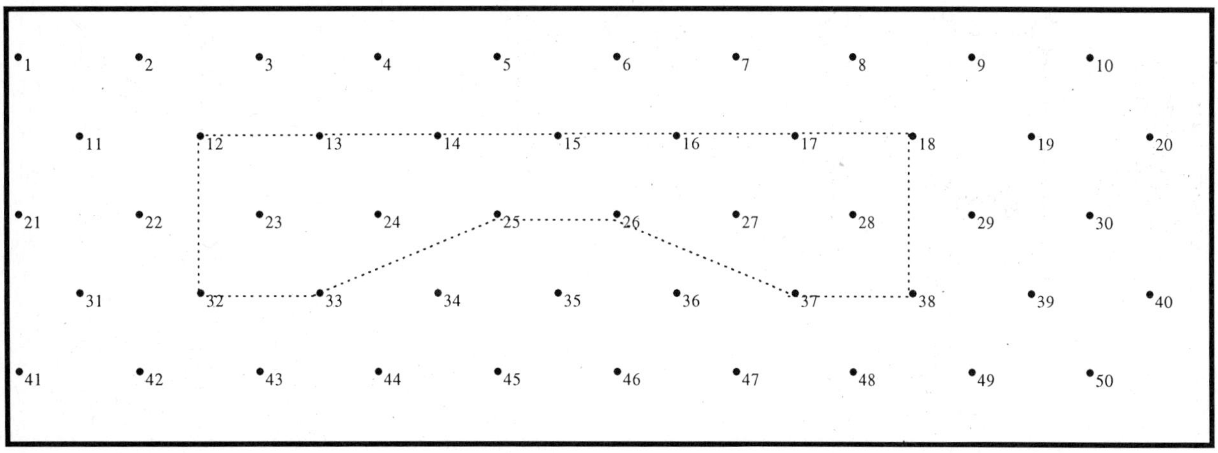

Statt der Aufgabe, Zahlen aus dem Zweier- ins Zehnersystem zu übertragen, können beliebig auch alle anderen Aufgaben gestellt werden, deren Ergebnisse sich in Zahlen zwischen 1 und 200 ausdrücken lassen.

Spielvariante

Wenn man einigen oder allen Aufgaben eine Farbe zuordnet, läßt sich auch ein farbiges Endbild erstellen.

Material

Pro Schüler ein Arbeitsblatt.

Das Zahlenbild für schlaue Mathematik-Künstler

1	2	3	4	5	6	7	8	9	10
11	12	13	14	15	16	17	18	19	20
21	22	23	24	25	26	27	28	29	30
31	32	33	34	35	36	37	38	39	40
41	42	43	44	45	46	47	48	49	50
51	52	53	54	55	56	57	58	59	60
61	62	63	64	65	66	67	68	69	70
71	72	73	74	75	76	77	78	79	80
81	82	83	84	85	86	87	88	89	90
91	92	93	94	95	96	97	98	99	100
101	102	103	104	105	106	107	108	109	110
111	112	113	114	115	116	117	118	119	120
121	122	123	124	125	126	127	128	129	130
131	132	133	134	135	136	137	138	139	140
141	142	143	144	145	146	147	148	149	150
151	152	153	154	155	156	157	158	159	160
161	162	163	164	165	166	167	168	169	170
171	172	173	174	175	176	177	178	179	180
181	182	183	184	185	186	187	188	189	190
191	192	193	194	195	196	197	198	199	200

2 *Puzzle-Spiele*

2.1 Puzzlerechnen

Spieldauer	Einzel/Gruppe	Lautstärke	Lerneffizienz	Beliebtheit
30 - 45 Min	❖	💣	💡💡	☺

Spielbeschreibung

Die Schüler sollen in Kleingruppen Aufgaben lösen, die in einer Aufgabensammlung jeweils auf einer Karte vorgegeben sind. Dabei können sie selbst den Schwierigkeitsgrad der Aufgaben wählen; er ist jeweils auf der Rückseite der Karten angegeben (z.B. 1 für „eher leicht" bis 4 für „sehr schwer").

Haben die Schüler die Aufgabe richtig gelöst, bekommen sie vom Lehrer dem Schwierigkeitsgrad entsprechende Teile eines Puzzles: Für die richtige Lösung einer sehr schweren Aufgabe z.B. vier Puzzleteile, einer einfachen Frage lediglich ein Puzzleteil. Die Schüler müssen also selbst überlegen, ob sie lieber viele einfache oder wenige schwierige Aufgaben lösen wollen.

Sieger ist die Schülergruppe, die ihr Puzzle zuerst fertiggestellt hat.

Tip für das Spiel:

Um zu vermeiden, daß in einer Gruppe nur die Besten rechnen, während die anderen mehr oder weniger interessiert zuschauen, sollte man die Gruppenstärke nicht zu groß wählen.

Material

Aufgaben auf Karten, Puzzleteile.

3 *Quiz-Spiele*

3.1 Der große Preis

Spieldauer	Einzel/Gruppe	Lautstärke	Lerneffizienz	Beliebtheit
45 - 90 Min	■	💣💣	💡💡💡	☺☺☺

Spielbeschreibung

Das Spiel orientiert sich am gleichnamigen Fernsehquiz. Im Gegensatz zur Fernsehsendung spielen in dieser Variante Schülermannschaften gegeneinander.

Auf einer Folie (Kopiervorlage liegt bei) stehen Aufgaben, die in den Spalten nach Themen und in den Zeilen nach Schwierigkeitsgraden geordnet sind. Der Schwierigkeitsgrad wird durch eine zu erreichende Punktzahl in zwanziger Schritten von 20 Punkten (sehr leicht) bis 100 Punkten (sehr schwer) angegeben. Zu Beginn des Spieles sind noch alle Aufgaben durch selbstklebende Papierstücke verdeckt.

Beispielausschnitt:

Schriftliches Dividieren	Schriftliches Multiplizieren	Schriftliches Addieren
20 *180 : 12*	20 *16 · 17*	20 *1442 + 171*
40 *1855 : 7*	40 136 · *99*	40 *15692 + 186,5*
60 *1307,2 : 8,6*	60 35 · *454*	60 *642,27 + 72,1*

Die Schüler werden in zwei bis vier Mannschaften eingeteilt. Anschließend wird die erste Aufgabe (beliebig) vom Lehrer aufgedeckt. Umfangreichere Aufgaben, die nicht in ein Feld passen, werden auf kleine Extrafolien kopiert und bei Bedarf in das größere Fragefeld (siehe Spielbogen) gelegt. Sobald eine Gruppe der Meinung ist, die Aufgabe richtig gelöst zu haben, schreibt einer von ihnen rasch das Resultat auf und alle heben dann die Arme hoch (damit sie ihr Ergebnis nicht weiter verändern können). Die Mannschaft, die als erste die richtige Lösung herausbekommen hat, erhält die zu der Aufgabe gehörende Punktzahl und darf entscheiden, welches Feld als nächstes aufgedeckt wird.

Die Spannung des Spiels läßt sich erhöhen, wenn man Joker- und Risikofelder unter die Fragen mischt. Bei einem Jokerfeld erhält die Mannschaft, die sich für das Feld entschieden hat, ohne Beantwortung einer Frage die für das Feld vorgesehene Punktzahl. Wählt eine Mannschaft ein Risikofeld, hat nur sie das Recht, die dort gestellte Frage zu beantworten. Findet sie die richtige Lösung, erhält sie die doppelte oder - wenn das vorher vereinbart wurde - sogar die dreifache Punktzahl. Kann sie die Frage allerdings nicht richtig lösen, verliert sie die riskierte Punktzahl. Dabei kann das Punkteguthaben der Mannschaft allerdings nie kleiner als 0 werden.

Spielvariante

Der Lehrer gibt für die Bearbeitung eine feste Zeit vor. Alle Mannschaften, denen es gelingt, innerhalb dieser Zeit eine bestimmte Frage richtig zu beantworten, erhalten die der Frage entsprechende Punktzahl.

Material

Quiztafel (Kopiervorlage liegt bei), selbstklebende Papierzettel.

Der große Preis

20	20	20	20	20
40	40	40	40	40
60	60	60	60	60
80	80	80	80	80
100	100	100	100	100

Fragefeld

3.2 Drei gewinnt

Spieldauer	Einzel/Gruppe	Lautstärke	Lerneffizienz	Beliebtheit
45 - 90 Min	■	💣💣	💡💡💡	☺☺

Spielbeschreibung

Auf einer Folie (Kopiervorlage liegt bei) stehen, tabellarisch angeordnet, Rechenaufgaben. Zu Beginn des Spieles sind noch alle Aufgaben durch selbstklebende Papierstücke verdeckt.

Die Schüler werden in zwei Mannschaften eingeteilt. Die erste Mannschaft darf sich ein Feld auf der Folie aussuchen. Der Lehrer deckt die Frage auf, und die Schüler müssen versuchen, diese in einer vorgegebenen Zeit zu lösen. Gelingt ihnen das, wird das Feld mit einem Zeichen der Mannschaft (z.B. Kreuz oder Kreis), andernfalls mit dem Zeichen der Gegnermannschaft versehen. Anschließend darf sich die zweite Gruppe ein Feld aussuchen. Wenn es einer Mannschaft gelingt, drei Felder in einer Reihe (waagerecht, senkrecht oder diagonal) zu belegen, erhält sie dafür einen Punkt. Sieger ist am Schluß die Mannschaft, die am meisten Punkte sammeln konnte.

Die Spannung des Spiels läßt sich erhöhen, wenn man Jokerfelder unter die Fragen mischt. Bei einem Jokerfeld erhält die Mannschaft, die sich für das Feld entschieden hat, ohne Beantwortung einer Frage das Feld.

Spielvariante

Die Schüler einer Gruppe müssen die Fragen einzeln (pro Runde ein Schüler) der Reihe nach beantworten.

Material

Quiztafel (Kopiervorlage liegt bei), selbstklebende Papierzettel.

Drei gewinnt

Wer gewinnt? Wer gewinnt? Wer gewinnt? Wer gewinnt? Wer gewinnt?

	1	2	3	4	5	6	7
A							
B							
C							
D							
E							

Fragefeld

3.3 Mathe-Bingo

Spieldauer	Einzel/Gruppe	Lautstärke	Lerneffizienz	Beliebtheit
30 - 45 Min	■	💣	💡💡	☺☺

Spielbeschreibung

Jeder Schüler erhält ein Arbeitsblatt, auf dem Ergebnisse von noch nicht bekannten Aufgaben stehen. Damit die Schüler nicht von ihren Nachbarn abschreiben, muß es mindestens zwei verschiedene Arbeitsblätter geben.

Der Lehrer liest Aufgaben vor (oder deckt sie auf dem Tageslichtprojektor auf), welche die Schüler lösen sollen. Finden sie das berechnete Ergebnis auf einem ihrer Felder, können sie die genannte Aufgabe vor das Gleichheitszeichen eintragen. Die Zeit ist dabei automatisch durch das Verlesen der nächsten Vorgabe begrenzt.

Beispiel:

Der Lehrer nennt die Zahl 25, die die Schüler als Zahl im Zweiersystem auf dem Arbeitsblatt finden sollen. Diejenigen, denen das gelingt, schreiben die Zahl 25 vor das Gleichheitszeichen in das betreffende Feld:

(Möglicher Ausschnitt:)

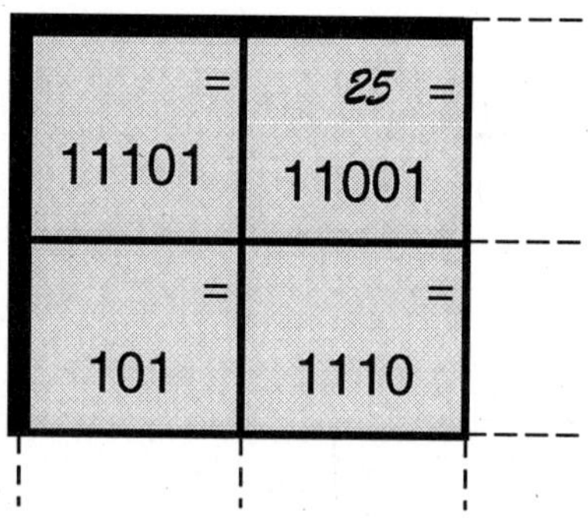

Ähnlich wie beim normalen Bingo erhalten die Schüler für jedes einzelne Feld einen, für jede vollständig angekreuzte Reihe, Spalte oder Diagonale zehn und für ein komplett angekreuztes Spielfeld noch einmal zwanzig Punkte.

Tip für das Spiel

Damit auch die schwächeren Schüler Erfolgserlebnisse haben, sollten sich unter den Aufgaben auch einigen befinden, deren Berechnung trivial ist und deren Ergebnisse auf jedem Arbeitsblatt zu finden sind.

Material

Pro Schüler ein Arbeitsblatt (mindestens zwei verschiedene Fassungen).

=	=	=	=
=	=	=	=
=	=	=	=
=	=	=	=

4 Rollenspiele

4.1 Das Lehrerspiel (FA)

Spieldauer	Einzel/Gruppe	Lautstärke	Lerneffizienz	Beliebtheit
45 Min	···· / ❖ / ■	💣	💡💡💡	☺☺☺

Spielbeschreibung

Die Schüler erhalten die Kopie einer bereits geschriebenen (erfundenen) Mathematik-Klassenarbeit, die allerdings eine Reihe von Fehlern aufweist. Aufgabe der Schüler ist es, diese Fehler zu finden und die fiktive Klassenarbeit als „Lehrer“ zu beurteilen. Das ganze kann dann noch mit einer Note, einer Unterschrift und nach Wahl mit einem Kommentar des „Lehrers“ abgerundet werden. Gerade letzteres wirkt auf die Schüler sehr motivationsfördernd.

Im Anschluß an die Korrektur in Einzelarbeit werden die Beurteilungen an der Tafel verglichen, so daß man sich schließlich auf eine gemeinsame Endnote einigen kann.

Tip für das Spiel

Für die gemeinsame Besprechung der Klassenarbeit bietet es sich an, sie auf eine Folie zu kopieren.

Spielvariante

Die Schüler formulieren in Kleingruppen eigene „Klassenarbeiten“, die dann anschließend unter den Kleingruppen ausgetauscht werden können.

Bemerkung zum Spiel

Ein Rollenspiel stellt eine Spielform dar, die für die Schüler nicht von vornherein den Charakter eines Spieles besitzt. Die Realitätsdistanz, die diese Variante des Spiels mit sich bringt, bietet jedoch den Vorteil, daß sich Schüler in der Rolle des Lehrers mit einem für sie normalerweise unangenehmen Thema - der Klassenarbeit - aus einer für sie jetzt sicheren Position befassen können. Als Korrigierende können sie keine Fehler machen - sie finden und verbessern sie. Folglich beziehen sie im Spiel die Rolle eines „Experten“, was für die Schüler motivierend ist.

Material

Pro Schüler eine Kopie einer fiktiven Klassenarbeit, eine Folie.

V Herstellung von Spielmaterial

Für die Herstellung der Spiele aus den vorgegebenen Kopiervorlagen gibt es verschiedene Techniken, die sich im Zeit- und Kostenaufwand, in der Haltbarkeit der Materialien, ihrer äußeren Form und in der Umweltverträglichkeit unterscheiden. Im folgenden Abschnitt sollen die verbreitetsten Methoden (Karton, Pappe und Laminierung) vorgestellt werden.

5.1 Karton

Die Verwendung von Karton bietet sich bei der Herstellung relativ fester Arbeitsmaterialien wie z.B. von Kartenspielen an. Da man die Kopiervorlagen direkt auf Karton (160-170 g / m^2) kopieren kann, ist die Herstellung der Arbeitsmaterialien einfach, preiswert und schnell. So läßt sich z.B. das Schneiden von Karton ohne großen Aufwand mit einer Schere oder einem Schneidegerät durchführen. Da es inzwischen in den meisten Kopierläden bei Karton eine große Farbauswahl gibt, ist die äußere Form dieser Materialien durchaus ansprechend. Zudem können unterschiedliche Farben bei der Sortierung von mehreren Kartensätzen eine große Hilfe darstellen.

Ein Nachteil von Karton ist die geringe Haltbarkeit. Diese läßt sich aber durch eine Lackierung (vergleiche Abschnitt 5 2) oder eine Laminierung (vergleiche Abschnitt 5.3) nachträglich erhöhen.

5.2 Pappe

Durch die Verwendung von Pappe statt Karton läßt sich haltbareres Material herstellen, das in Optik und Handhabung sehr gut ist. So lassen sich z.B. Domino- oder Memory-Karten in einer überzeugenden Qualität herstellen. Nachteil dieses Verfahrens ist der hohe Arbeitsaufwand. Im folgenden werden zwei Verfahren vorgestellt:

1. Verfahren

Benötigte Materialien

a) Graupappe (ca. *1 mm* stark)
b) Leim: Holzleim oder Buchleim (etwas teuer)
c) Pinsel (ca. *3 cm* Breite)
d) Acryllack (farblos)
e) Schaumstoffwalze
f) Kleine Wanne

Arbeitsgang

1. Die Vorlage wird auf farbiges Papier oder Karton (Karton deckt besser, ist aber teurer) kopiert.
2. Der Leim wird mit etwas Wasser oder (besser) Tapetenkleister verdünnt, so daß er gut streichfähig ist. (Ein Marmeladenglas mit großer Öffnung stellt hier eine günstige Aufbewahrungsmöglichkeit dar.)
3. Die Graupappe wird dünn mit dem Leimgemisch bestrichen. Danach kann der Karton bzw. das Papier mit der Kopie aufgelegt werden. Dieser Arbeitsschritt kann bei Bedarf auf der Rückseite wiederholt werden. Anschließend wird die beklebte Graupappe zwischen Zeitungen gelegt und beschwert. So sollte sie etwa einen Tag trocknen können.
4. Der Acryllack wird in eine Wanne gegeben und mit der Schaumstoffwalze längs und quer auf den Karton bzw. das Papier mit der Kopie aufgetragen. Eine Nacht trocknen lassen.

5. Die fertigen Arbeitsmaterialien können nun geschnitten werden.

Die so hergestellten Materialien sind sehr angenehm zu handhaben, im Gebrauch aber leider recht empfindlich. Gerade in dieser Hinsicht hat das zweite Verfahren, das im folgenden vorgestellt wird, deutliche Vorteile.

2. Verfahren

Benötigte Materialien

- Graupappe (ca. *1 mm* stark)
- Sprühkleber
- Selbstklebende Folien (durchsichtig)

Arbeitsgang

1. Die Vorlage wird auf farbiges Papier oder Karton (Karton deckt besser, ist aber teurer) kopiert.
2. Das Papier/der Karton wird mit Sprühkleber (damit verhindert man Falten und Bläschen) auf die Pappe geklebt.
3. Die Pappe wird von beiden Seiten mit durchsichtiger Folie beklebt. Hierbei gibt eine matte Folie (schwer im Handel erhältlich) ein besseres Ergebnis.
4. Die fertigen Arbeitsmaterialien können nun geschnitten werden.

Das zweite Verfahren ist im Gegensatz zum ersten weniger zeitaufwendig. Die hergestellten Materialien sind auch haltbarer, unempfindlich gegen Flüssigkeiten, und sie lassen sich (z.B. mit Folienstiften) beschreiben, also mehrfach verwenden.

Das zweite Verfahren eignet sich im übrigen auch für die Herstellung von Spielbrettern. Eine mögliche Konstruktion für ein faltbares Spielbrett zeigt das folgende Bild:

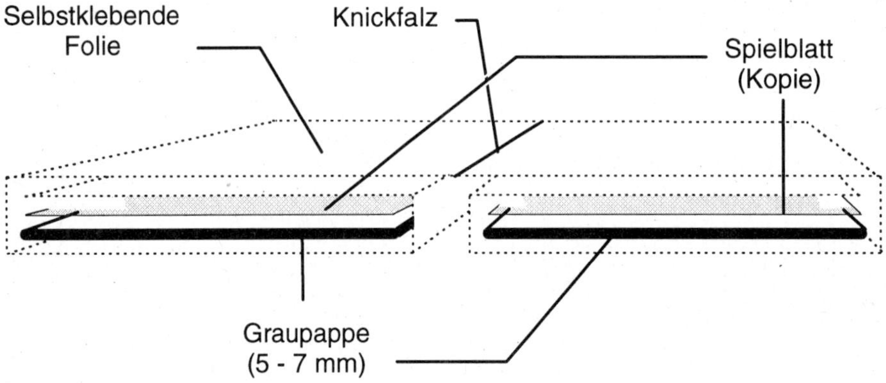

5.3 Laminierung

Mit einem Laminator läßt sich in kurzer Zeit aus einfachem kopierten (farbigen) Papier sehr haltbares und in der äußeren Form schönes Arbeitsmaterial (z.B. Spielkarten) herstellen. Nachteil dieses Verfahrens ist die teure Anschaffung eines Laminators. Allerdings können solche Geräte auch in den meisten Kreisbildstellen von Lehrern ausgeliehen werden. Zusätzlich gibt es in einigen Kopierläden die Möglichkeit, Papier zu laminieren.